西双版纳州水稻主导品种栽培技术模式图

◎ 孙涛　岩三胆　主编

中国农业科学技术出版社

图书在版编目（CIP）数据

西双版纳州水稻主导品种栽培技术模式图／孙涛，岩三胆主编 . —北京：中国农业科学技术出版社，2020.6
ISBN 978-7-5116-4788-7

Ⅰ.①西… Ⅱ.①孙…②岩… Ⅲ.①水稻-品种②水稻-栽培技术 Ⅳ.①S511

中国版本图书馆 CIP 数据核字（2020）第 098440 号

责任编辑	崔改泵
责任校对	李向荣

出 版 者	中国农业科学技术出版社
	北京市中关村南大街 12 号　　邮编：100081
电　话	（010）82109194（出版中心）　（010）82109702（发行部）
	（010）82109709（读者服务部）
传　真	（010）82106650
网　址	http://www.castp.cn
经 销 者	各地新华书店
印 刷 者	北京科信印刷有限公司
开　本	880 mm×1 230 mm　　1/16
印　张	7.5　彩页　22 面
字　数	228 千字
版　次	2020 年 6 月第 1 版　2020 年 6 月第 1 次印刷
定　价	60.00 元

《西双版纳州水稻主导品种栽培技术模式图》
编委会

主　编：孙　涛　　岩三胆

副主编：朱　二　　程　卯　　丁海华

编著者：孙　涛　　岩三胆　　朱　二　　甘树仙　　丁海华

　　　　程　卯　　祁　春　　胡　建　　高　凡　　陈汉明

　　　　夏云泰　　杨春道　　玉　帅　　吴　珠　　陈学文

　　　　李江英　　王春荣　　邹玉梅　　玉　苏　　李春艳

　　　　高　超　　谭　策　　陶学英　　杨连芬　　甲　飘

　　　　胡国庆　　杨海燕　　岩　说　　陶　焕

前　言

水稻是我国第一大粮食作物，分别占全国粮食作物总面积的 30% 和总产量的 40% 左右，全国有 60% 人口以稻米为主食。稻谷是西双版纳傣族自治州（全书简称西双版纳州）主要储备粮品种，稻米是主要口粮，西双版纳州有 95% 人口主食稻米。水稻生产对保障西双版纳州粮食安全、促进农民增收、改善生态环境和边疆民族团结稳定具有重要意义。

西双版纳州是亚洲水稻起源地之一，有丰富的遗传资源，灿烂的傣家稻作文化源远流长，水稻栽培成了千百年来最主要的农事活动。1983 年引进杂交水稻"汕优 63"品种获得成功，大面积推广后，彻底解决了全州吃粮问题；1985 年引进优质软米"滇陇 201"，创造了 20 世纪 90 年代享誉云南的"孔雀牌"大米。2000—2018 年，随着农业产业结构调整、优化，西双版纳州水稻生产也发生变迁，水稻种植面积从 2000 年的 90.91 万亩下降到 2018 年的 48.18 万亩，下降幅度达到 51.78%，下降主要原因是以香蕉为主的水果在热带地区迅猛发展。在水稻种植面积锐减的情况下，全州科技人员共同努力，引进并推广高产（超高产）品种，引入和培育优质香软米提质，探索精准生产技术，创新种植模式，大幅度提高了水稻单产，粮食总产实现持续增长，"勐海香米"成为优质大米的一张名片。

近 40 年来，西双版纳州农业技术推广部门在不同海拔种植区研究不同季节和不同种植方式的水稻品种生产特性和产量形成特点，形成了与水稻手插秧和机插秧种植方式配套的栽培技术，良种良法配套，发挥水稻品种增产潜力。州、县、乡农业技术推广团队在多年生产技术研究和示范推广的基础上，根据不同水稻品种的特征特性，主要稻区水稻品种推广应用的种植节令和生产方式特点，制作了不同海拔稻区主要种植方式的水稻主导品种栽培技术模式图，覆盖了西双版纳州景洪市、勐海县、勐腊县中低海拔早中晚稻种植区域。

西双版纳州水稻种植区域广、品种类型多样、生态环境各异、种植方式不同，这些品种栽培技术模式图可根据各地海拔高度、种植节令和品种类型等生产情况参考应用，为西双版纳州水稻种植生产提供技术支撑。所述内容如有不妥之处，敬请大家提出宝贵的意见和建议，以便完善。

在本书编写过程中，王传慰等老一辈专家给予了指导，西双版纳州广大科技人员提供信息资源，在此表示衷心感谢！

编　者

2019 年 12 月

目　　录

第一章　水稻生产情况与品种类型

一、2000 年以来水稻种植面积与产量

根据西双版纳州水稻生产统计数据进行分析，2000—2018 年，西双版纳州水稻种植面积呈现下降趋势，占粮食总面积的比重也在下降（表 1-1）。2000 年，水稻种植面积 90.91 万亩（15 亩 = 1 公顷。全书同），占粮食总面积的 70.6%，占 2/3；2010 年，水稻种植面积 66.96 万亩，占粮食总面积的 50.1%，占 1/2；2018 年，水稻种植面积 48.18 万亩，占粮食总面积的 36.54%，只占 1/3。水稻种植面积大幅度下降，主要体现在 2010 年以来景洪市、勐腊县水田面积种植经济作物，导致水稻种植面积大幅下降；勐海县发展双季稻种植，弥补了一定的面积；低海拔地区水稻种植面积明显下降，中海拔地区水稻种植面积相对平稳。

2000—2018 年，西双版纳州水稻产量呈现下降趋势，占粮食总产量的比例在下降。2000 年，水稻总产量 29.1 万吨，占粮食总产量的 83.8%，占 4/5；2010 年，水稻总产量 23.91 万吨，占粮食总产量的 64.4%，占 3/5；2018 年，水稻总产量 21.75 万吨，占粮食总产量的 46.71%，占 2/5。常规稻与杂交稻比，由 2000 年的 62∶38 到 2018 年的 28∶72。18 年来，在水稻面积逐年减少情况下，由于科技增粮技术措施到位，高产优质品种的不断更新，种植水平不断提高，水稻平均单产逐年提高，单产的提高在一定程度上确保了水稻总产变化相对平稳，全州水稻最高单产为 2015 年的 998.3 千克。

2018 年，西双版纳州农业人口人均水稻种植面积 0.79 亩，全州户籍人口 100.87 万人，人均占有稻谷 215.24 千克；按全州常住总人口 118.8 万人计，每人每年口粮 280 千克，需稻谷 33.26 万吨，接待游客 2 000 万人次，以每人平均滞留 3 天计算，每天每人 0.7 千克，需稻谷 4.2 万吨，部分种子和饲料约 1 万吨，全年需口粮稻谷 38.46 万吨，而西双版纳州稻谷总产量只有 21.75 万吨，稻谷缺口 16.71 万吨，每年需调入稻谷 17 万吨以上。因此，全州稻谷缺口仍然较大，如果国家粮库存粮不足，口粮安全的隐患较大。

二、2000 年以来水稻主导品种

西双版纳州位于北纬 21°1′~22°4′，东经 99°55′~101°5′，处于北回归线以南的热带北部边沿。全州面积 19 124.5 平方千米。州内最高海拔 2 429 米，最低点海拔 477 米。属北回归线以南的热带湿润区，热量丰富，终年温暖，年降水量 1 136~1 513 毫米。平均气温 18.9~22.6℃，森林覆盖率达 78.3%，被誉为"植物王国"。辖一市二县（景洪市、勐海县、勐腊县）、三区（西双版纳旅游度假区、磨憨经济开发区、景洪工业园区），31 个乡镇和 1 个街道办事处，12 个农场，223 个行政村，40 个社区，2 253 个村民小组。2018 年年末，全州常住总人口 118.8 万人，户籍总人口 100.87 万人，其中少数民族人口 78.54 万人，占户籍总人口的 77.9%。城镇常住居民人均可支配收入 29 323 元，农村常住居民人均可支配收入 13 079 元。

表 1-1 2000—2018 年西双版纳州水稻种植面积情况（引自：2000—2018 年西双版纳州农业农村局农业生产统计年报）

年份	粮食作物			水稻			其中									占粮食总面积（%）	占粮食总产量（%）	常规稻与杂交稻比值
							景洪			勐海			勐腊					
	面积（万亩）	单产（千克）	产量（万吨）	面积（万亩）	单产（千克）	产量（万吨）	面积（万亩）	单产（千克）	产量（万吨）	面积（万亩）	单产（千克）	产量（万吨）	面积（万亩）	单产（千克）	产量（万吨）			
2000	128.70	269.85	34.73	90.91	320.10	29.10	38.41	297.84	11.44	33.75	346.96	11.71	18.75	317.33	5.95	70.6	83.8	62：38
2001	123.86	273.78	33.91	88.27	324.35	28.63	37.13	298.95	11.10	32.89	351.78	11.57	18.25	326.58	5.96	71.3	84.4	61：39
2002	122.05	265.22	32.37	86.49	309.98	26.81	37.59	281.72	10.59	31.35	349.28	10.95	17.55	300.28	5.27	70.9	82.8	61：39
2003	120.37	275.40	33.15	83.60	325.72	27.23	35.82	299.83	10.74	31.00	362.26	11.23	16.78	313.47	5.26	69.5	82.1	60：40
2004	121.02	286.07	34.62	71.12	369.80	26.30	28.23	353.17	9.97	28.86	393.62	11.36	14.03	354.24	4.97	58.8	76.0	60：40
2005	125.40	281.50	35.30	82.12	337.07	27.68	33.14	311.71	10.33	32.55	366.51	11.93	16.43	329.88	5.42	65.5	78.4	55：45
2006	120.99	284.90	34.47	77.08	345.87	26.66	30.20	329.14	9.94	31.75	370.39	11.76	15.13	327.83	4.96	63.7	77.3	51：49
2007	110.88	294.55	32.66	68.50	361.02	24.73	25.00	354.40	8.86	30.00	376.33	11.29	13.50	339.26	4.58	61.8	75.7	50：50
2008	115.50	288.83	33.36	68.33	352.99	24.12	24.75	351.52	8.70	30.53	363.58	11.10	13.05	331.03	4.32	59.2	72.3	48：52
2009	126.39	283.09	35.78	66.40	370.63	24.61	23.10	361.47	8.35	32.30	384.21	12.41	11.00	350.00	3.85	52.5	68.8	47：53
2010	133.55	277.87	37.11	66.96	357.08	23.91	21.78	330.58	7.20	35.57	373.07	13.27	9.61	357.96	3.44	50.1	64.4	46：54
2011	136.99	294.47	40.34	64.18	380.18	24.40	16.47	348.51	5.74	39.43	398.43	15.71	8.28	356.28	2.95	46.9	60.5	44：56
2012	135.24	334.22	45.20	57.80	422.32	24.41	11.13	354.90	3.95	39.48	452.63	17.87	7.19	360.22	2.59	42.7	54.0	36：64
2013	135.83	346.09	47.01	58.35	435.65	25.42	10.91	377.64	4.12	40.16	465.64	18.70	7.28	357.14	2.60	43.0	54.1	35：65
2014	131.20	362.04	47.50	54.20	459.23	24.89	9.36	361.11	3.38	38.23	499.61	19.10	6.61	364.60	2.41	41.3	52.4	33：67
2015	130.50	366.28	47.80	50.13	468.18	23.47	7.61	362.68	2.76	37.08	501.89	18.61	5.44	386.03	2.10	38.4	49.1	31：69
2016	130.58	370.65	48.40	49.82	476.11	23.72	7.48	367.65	2.75	36.79	513.18	18.88	5.55	376.58	2.09	38.2	49.0	29：71
2017	130.07	376.03	48.91	46.91	488.17	22.90	6.44	381.99	2.46	35.10	533.90	18.74	5.37	316.57	1.70	36.1	46.8	28：72
2018	131.86	353.10	46.56	48.18	451.43	21.75	5.01	405.19	2.03	37.76	477.23	18.02	5.41	314.23	1.70	36.5	59.6	28：72

2000 年以来，西双版纳州每年水稻主导品种 10~15 个；近 10 年来，每年引进的更新水稻新品种 5 个以上。杂交水稻品种面积占总水稻面积约 65%，常规水稻品种面积占总水稻面积约 35%。杂交水稻品种从稳产品种到优质高产品种的不断更新替换，"冈优系列"向"宜香系列""两优系列"和"宜优系列"更新；优质常规水稻品种没有发生大的变化，主要以'滇屯 502''滇陇 201'等为主（表 1-2）。

2000—2009 年，杂交水稻主要种植四川选育的"冈优系列"品种，如'冈优 151''冈优 12''冈优 725'等，2000—2011 年西双版纳州连续 10 多年种植面积排在第一位，直到 2011 年以'冈优 151'为主的"冈优系列"杂交水稻品种退出历史舞台。

2012—2018 年，杂交水稻种植品种以优质高产品种为主，主要种植四川选育的"宜香系列"和福建选育的"两优系列"品种，如'宜香 3003''宜香 9 号''两优 2186''两优 2161''两优 1259'等；'宜香 3003'品种 2012 年、2014 年、2015 年、2017 年、2018 年西双版纳州种植面积排在第一位，'两优 2186'品种 2013 年、2016 年西双版纳州种植面积排在第一位。优质常规水稻主要种植云南选育的'滇屯 502''滇陇 201'等品种。

三、2000 年以来水稻主要种植方式

西双版纳州水稻种植方式主要有手插秧和机插秧两种。手插秧仍是西双版纳州水稻种植的主要方式，占全州水稻种植面积的 92.5%。2010 年以来，随着社会经济发展，农村劳动力成本高和劳动力转移，在国家惠农政策支持下，西双版纳州水稻生产全程机械化发展迅速，特别是水稻机耕机收已全覆盖，机插秧面积也在不断发展，机插秧面积占全州水稻种植面积的 7.5%。耕作方式由小型拖拉机耕作向中、大型拖拉机耕作转变；品种由稳产品种到优质高产品种更替；育秧方法由湿润育秧向旱育秧和塑盘育秧提升；种植模式由单季稻向双季稻发展；化肥施用量更精确，农药施用量更精准；水稻生产技术向机械化耕作、机械化育秧、机械化插秧、机械化喷药、机械化收割、机械化烘干等全程机械化生产发展。

表1-2　2000—2018年西双版纳州水稻主导品种情况

年份	主导品种	其中		
		景洪	勐海	勐腊
2000	冈优151、冈优12、冈优725、冈优22、冈优364、D优527、D优68、汕优64；糯稻、滇屯502、滇黎406、滇陇201	冈优151、冈优725、冈优12、冈优22、D优527；糯稻、滇黎406	冈优151、冈优725、冈优12、冈优22、汕优64、D优527；糯稻、滇屯502、滇陇201	冈优151、冈优725、冈优527、冈优22、D优68；糯稻
2001	冈优151、冈优12、冈优725、冈优527、冈优22、冈优364、D优527、Ⅱ优7、D优68、K优047、汕优64；糯稻、滇黎406、滇屯502、滇陇201	冈优151、冈优725、冈优12、D优527；糯稻、滇黎406	冈优151、冈优725、冈优12、冈优22、汕优64、D优527；糯稻、滇屯502、滇陇201	冈优151、冈优725、冈优527、冈优22、Ⅱ优7、D优68；糯稻
2002	冈优151、冈优12、冈优725、冈优527、冈优22、冈优364、Ⅱ优6078、Ⅱ优7、D优68、K优047、汕优64；糯稻、博选1、滇屯502、滇陇201、版纳21	冈优151、冈优725、冈优12、D优527、K优047；糯稻、滇黎406	冈优151、冈优12、冈优725、冈优22、D优527、汕优64；糯稻、滇屯502、滇陇201	冈优151、冈优527、Ⅱ优6078、冈优725、冈优22、Ⅱ优7、D优68；版纳糯稻21
2003	冈优151、冈优725、冈优12、冈优527、冈优22、冈优364、Ⅱ优6078、Ⅱ优7、D优68、K优047、汕优64；糯稻、博选1、滇屯502、滇陇201、版纳21	冈优151、冈优725、冈优12、D优527、K优047；糯稻、滇黎406	冈优151、冈优725、冈优12、冈优22、D优527、汕优64；糯稻、滇屯502、滇陇201	冈优151、冈优527、Ⅱ优6078、冈优725、冈优22、Ⅱ优7、D优68；版纳糯稻21
2004	冈优151、冈优725、冈优12、冈优527、冈优22、冈优364、Ⅱ优6078、Ⅱ优7、D优68、K优047、汕优64；糯稻、滇黎406、滇屯502、滇陇201、版纳21	冈优151、冈优725、冈优12、D优527、K优047；糯稻、滇黎406	冈优151、冈优725、冈优12、冈优22、D优527、汕优64；糯稻、滇屯502、滇陇201	冈优151、冈优527、冈优725、冈优22、Ⅱ优7、D优68；版纳糯稻21
2005	冈优151、冈优364、D优527、冈优22、冈优725、K优047、川香稻5、冈优827、汕优64、金优527、冈优1577、博选1、滇黎406、博罗矮1、滇屯502；糯稻	冈优151、冈优364、D优527、K优047、川香稻5、博选1、博罗矮1、滇黎406；糯稻	冈优151、冈优12、汕优64、冈优1577、冈优364、冈优725、滇屯502、滇陇201；糯稻	冈优151、D优527、金优527、冈优827、博罗矮1、滇黎364、博罗矮1；版纳21、糯稻

（续表）

年份	主导品种	其中		
		景洪	勐海	勐腊
2006	冈优151、冈优364、冈优725、冈优22、D优527、冈优12、冈优827、双优1、川香稻5、汕优64、冈优1577；糯稻、滇瑞406、滇屯502、版纳201、博罗矮1、滇黎312	冈优364、冈优151、双优1、川香稻5、滇瑞406、糯稻、博罗矮1、滇黎312	冈优151、冈优725、冈优22、冈优12、汕优64、冈优364；糯稻、滇屯502、滇陇201	冈优151、D优527、冈优725、冈优827、糯稻、版纳21、博罗矮1
2007	冈优151、冈优364、冈优725、冈优22、双优1、冈优118、D优527、川香稻5、宜香3003、Q优6号、宜香101、糯稻、滇屯502、滇瑞406、滇陇201	冈优151、冈优364、双优1、川香稻5、宜香101、滇瑞449、滇瑞3003、糯稻	冈优151、冈优12、冈优22、冈优725、宜香3003、冈优118、糯稻、滇屯502、滇陇201	冈优151、冈优725、D优527、糯稻、滇瑞449
2008	冈优151、宜香3003、冈优725、冈优827、冈优12、渝香203、Y两优1、宜香1979、宜香101、冈优364；糯稻、滇屯502、滇陇201、滇瑞449	宜香3003、冈优22、冈优12、宜香364、糯稻、滇瑞449	冈优151、宜香3003、冈优12、宜香725、冈优22、冈优827、Q优6号、糯稻、滇屯502、滇陇201、滇瑞449	冈优725、冈优151、渝香203、宜香3003、冈优827、宜香101；糯稻、滇瑞449
2009	冈优151、冈优22、冈优12、宜香2186、两优2186、Q优527、宜香1979、宜香10号、渝香203；糯稻、滇屯502、滇陇201、滇瑞449	冈优151、冈优364、宜香1979、宜香10号、冈优725、冈优527；糯稻、滇瑞449	冈优151、冈优22、宜香527、Y两优1、宜香2186、两优3003、糯稻、滇屯502、滇陇201	冈优725、冈优151、渝香203、3003、宜香2186；糯稻
2010	冈优151、两优2186、宜香3003、宜香101、宜香10号、宜香527、Q优6号、Ⅱ优838；糯稻、滇屯502、滇陇201	冈优151、两优2186、冈优725、Q优6号、宜香838；宜香101、Ⅱ优838	冈优151、两优2186、两优1259、糯稻、宜香3003、冈优22、宜香101、两优725；滇屯502、滇陇201	冈优725、冈优527、两优2186；糯稻
2011	冈优22、宜香3003、冈优725、冈优364、宜香101、两优2186、两优1259、糯稻、Ⅱ优838；滇屯502、滇陇201	冈优151、两优2186、冈优22、宜香101；糯稻	冈优151、宜香3003、两优2186、两优1259、宜香2161、冈优364、两优101、滇屯502、滇陇201	冈优151、冈优725、冈优22、宜香3003；糯稻、滇陇201

（续表）

年份	主导品种	其中		
		景洪	勐海	勐腊
2012	宜香3003、冈优151、宜香1979、两优2186、内香8518、两优2161、宜香1259、冈优673、Ⅱ优838；滇屯502、宜香725、金优11、宜优673、滇陇201、糯稻	冈优151、冈优725、内香8518、Ⅱ优838、两优2186；糯稻	宜香3003、冈优151、宜香1979、两优2186、两优1259、宜优673、金优11；滇屯502、滇陇201、糯稻	冈优725、冈优151、宜香725、两优2186；糯稻、滇陇201
2013	两优2186、两优2161、两优1259、冈优151、宜香3003、内香航2、两优9号、宜香725、宜香1577、宜香1979、冈优673、内香8518、滇屯502、滇陇201、文稻、糯稻、云粳37	冈优725、冈优151、宜香1979、内香8518、两优2161；糯稻	两优2186、两优2161、内香9号、两优9号、宜香3003、两优航2、宜香1577、冈优673、宜香151、滇屯502、滇陇201、文稻、云粳37	两优2161、宜香725、冈优725、201、糯稻
2014	宜香3003、两优2161、两优1259、文富7号、宜香1979、宜优9号、宜香1988、内香8518、宜香816、宜香107、宜香1577、内5优39、明两优673、宜优527、宜香707；滇陇201、文稻、云粳37、滇黎406、糯稻、滇籼糯1、版纳糯糯18、紫糯	宜香1979、宜香1988、内香8518、内5优39、内香9号；宜优673；滇籼糯1、版纳糯18	宜香3003、两优2161、两优1259、文富7号、宜香816、宜香107、宜香101、宜香1577、内香707；滇陇201、滇屯502、文稻、云粳37、滇黎406、滇籼糯18、紫糯	宜香725、冈优725、两优2161、明两优527；滇陇201、糯稻
2015	宜香3003、两优2161、两优1259、赣优明占、宜香1988、文富7号、内5优39、宜香101、宜香673、冈优8518、内香8518、明两优527、宜香816、宜优2115、两优冈、香文稻、滇黎406、滇陇201、糯稻、糯稻201、版纳糯糯18、紫糯	宜香1979、宜香1988、宜优101、宜香673、两优1259、内香8518、滇籼糯18；版纳糯1、版纳糯糯18	宜香3003、两优2161、两优1259、赣优明占、两优107、两优9号；滇陇816、宜优673、宜屯502、滇黎406、香文稻、云粳201、版纳糯糯18、滇陇37、紫糯	宜香725、冈优725、明两优527、9号、宜香2115、内5优39；糯稻、滇陇201

（续表）

年份	主导品种	其中		
		景洪	勐海	勐腊
2016	两优 2186，宜香 3003，两优 2161，两优 1259，宜香 1988，宜香 1979，II 优 838，文富 107、赣优明占，内 5 优 39，宜香 673，宜香 725、泸香 658，内香 8518，明两优 527，宜香 9 号、两优 2115，宜香优 816，滇屯 502，宜香优 201，滇黎 406，香文稻，糯稻，云粳 37、版纳糯 18，滇籼糯 1，紫糯	宜香 1979，宜香 1988，II 优 838，宜优 1259，两优 9 号、内香 8518，宜香 9 号，内香 8518；版纳糯 1，版纳糯 18	两优 2186，宜香 3003，两优 2161，两优 1259，赣优明占，宜优 673，宜香 9 号，内香 107、两优 816，滇屯 502，宜香优 201，滇黎 406，版纳糯 18、紫糯	宜香 725，明两优 527，宜香优 1108，宜香优 2115，内 5 优 39；滇香 9 号，滇陇 201，糯稻
2017	宜香 3003，两优 2186，两优 2161，泸香 658，宜香 1988，宜香 1979，宜香 673，文富 107、宜香 725，内 5 优 39，明两优 527，宜香 9 号，II 优 838，宜香优 1108，宜香优 816；滇屯 502，滇陇 201，宜黎 406，香文稻，糯稻，云粳 37、紫糯	宜香 1988，宜优 1259，II 优 838，宜香 1979，宜香 725，两优 9 号，内香 8518；糯稻	宜香 3003，宜优 673，两优 2161，文富 1259，两优 107、两优 816，宜香 9 号，宜香 725，内香 816；宜黎 406，香文稻，滇屯 502，滇陇 201，云粳 37、紫糯	宜香 725，明两优 527，宜香优 1108，宜香优 2115，内 5 优 39；滇陇 201，糯稻
2018	宜香 3003，两优 2186，宜香 673，两优 2161，两优 1259，文富 1259，宜香 9 号，宜香 1979，两优 3728，宜香优 2115，泸香 403，宜优 2111，德优 4923，宜香 725、云优 4727，云优 948，滇屯 502，两优 406，文稻，宜香 1108；云粳 37、版纳糯 18，紫糯	宜香 9 号，宜香 1979，两优 1259，内香 8518，宜优 403，泸香 658；糯稻	宜香 3003，宜优 673，两优 2161，两优 1259，德优 4727，两优 2111，云优 948，两优 4923，滇屯 502，滇黎 406，文稻，滇陇 201，版纳糯 18，云粳 37、紫糯	宜香 3728，宜香优 1108，宜香 725、糯稻优 403，宜香 1988；滇陇 201，糯稻

备注：根据 2000—2018 年西双版纳农业农村局良种推广统计报表，每年主导品种品种名称排序以品种种植面积从大到小排序。

第二章 水稻主导品种特征特性

一、杂交水稻品种特征特性

(一) 冈优151

品种来源：四川省江油市种子公司、四川省种子站用冈46A与江恢151测配而成。国审稻2010033号。

特征特性：籼型杂交水稻。全生育期155天，株高119.2厘米，穗平着粒170.6粒，结实率81.9%，千粒重29.0克。苗期长势旺，株形适中，秆硬叶挺，后期落黄好。米质检测：糙米率81.1%，精米率70.0%，整精米率47.6%。抗性鉴定：稻瘟病抗性鉴定，叶瘟6~8级，颈瘟7级。

产量表现：一般亩产550~580千克，栽培技术条件好的，最高可达600千克。

栽培要点：育秧：适时播种，旱育秧，大田每亩用种量1.5~2千克。移栽：秧龄30~35天，叶龄4~5叶适时移栽，栽插规格12厘米×26厘米，2.1万穴/亩，每穴栽插2苗，每亩基本苗4万苗以上。肥水管理：做到前期浅水，浅水促蘖，及时搁田，中期轻搁，后期干干湿湿灌溉。重施底肥，早施追肥。每亩施纯氮12千克、纯磷6千克、纯钾2~4千克；基蘖氮肥∶穗氮肥为10∶0。病虫防治：注意防治白叶枯病、螟虫等病虫害。

适宜区域：适宜西双版纳州中低海拔500~1 200米地区早、中稻种植。2000—2011年西双版纳州连续10多年种植面积排在第一位；2000—2013年景洪市主导品种，2000—2013年勐海县主导品种，2000—2012年勐腊县主导品种。

(二) 冈优12

品种来源：四川农业大学水稻研究所用自育的不育系冈46A与明恢63配组而成。国审稻2003004号。

特征特性：属中籼迟熟三系杂交水稻。全生育期146天。株高118.4厘米，株形适中，叶片宽大，叶色淡绿，苗期繁茂性好。主茎叶片数16~17叶。分蘖力中等，每亩有效穗15.7万穗，穗大粒重，穗长21.0厘米，穗粒数150粒，结实率87%，千粒重28.5克。米质主要指标：出糙率83.1%，精米率76.1%，整精米率67.3%。抗性：稻瘟病3.5级，白叶枯病8级，褐飞虱7级。

产量表现：一般亩产500~520千克，栽培技术条件好的，最高可达560千克。

栽培要点：育秧：适时播种，旱育秧，大田每亩用种量1.5~2千克。移栽：秧龄35~40天，叶龄4~5叶适时移栽，栽插规格12厘米×26厘米，2.1万穴/亩，每穴栽插2苗，每亩基本苗4万苗以上。肥水管理：做到前期浅水，浅水促蘖，湿润灌溉，够苗晒田，中期轻搁，后期干干湿湿灌溉。重施底肥，早施追肥。每亩施纯氮10~12千克、纯磷6千克、纯钾2千克；基蘖氮肥∶穗氮肥为9∶1。病虫防治：注意防治稻瘟病、螟虫等病虫害。

适宜区域：适宜西双版纳州中低海拔500~1 200米地区早、中稻种植。2000—2004年景洪市主导品种，2000—2010年勐海县主导品种。

（三）冈优725

品种来源：四川省绵阳市农业科学研究所用冈46A×绵恢725配组而成。国审稻2001006号。

特征特性：属中籼迟熟杂交水稻。全生育期150天。株高115厘米，株形紧凑，叶片硬直，剑叶较长，叶色深绿，叶舌、叶耳、柱头紫色，主茎叶片数17叶，分蘖力中等，成穗率50%~60%，穗大粒多，穗长25厘米，穗粒数170粒，结实率85%，穗层整齐。谷壳黄色，米粒长宽比2.3，颖尖有色，有短顶芒，斜肩，护颖短，千粒重26克。米质指标：整精米率51.6%，胶稠度69毫米，直链淀粉含量19.02%。抗性：稻瘟病5~9级，白叶枯病5~9级，稻飞虱7~9级。

产量表现：一般亩产550~580千克，栽培技术条件好的，最高可达600千克/亩。

栽培要点：育秧：适时播种，旱育秧，大田每亩用种量1.5~2千克。移栽：秧龄30~35天，叶龄4~5叶适时移栽，栽插规格12厘米×26厘米，2.1万穴/亩，每穴栽插2苗，每亩基本苗4万苗以上。肥水管理：做到前期浅水，浅水促蘖，及时搁田，中期轻搁，后期干干湿湿灌溉。重施底肥，早施追肥。每亩施纯氮10~12千克，纯磷6千克，纯钾2千克；基蘖氮肥：穗氮肥为9∶1。病虫防治：注意防治稻瘟病、螟虫等病虫害。

适宜区域：适宜西双版纳州中低海拔500~1 200米地区早、中稻种植。2009—2013年景洪市主导品种，2000—2011年勐海县主导品种，2000—2015年勐腊县主导品种。

（四）冈优22

品种来源：四川省农业科学院作物研究所和四川农业大学水稻研究所用冈46A作母本，与CDR22作父本测配育成。国审稻980009号。

特征特性：属中籼迟熟杂交稻，全生育期149.3天，比汕优63迟熟0.6天，株高111.1厘米，株形适中，分蘖中等、叶色淡绿，叶片较宽大、厚直不披、谷黄秆青，不早衰，穗大粒多，每穗着粒149.7粒，比汕优63多17粒，结实率83.49%，千粒重26.5克，谷壳淡黄，穗尖有色无芒。抗稻瘟病优于汕优63，经鉴定叶瘟5~6级，穗颈瘟5级，米质较好。

产量表现：一般亩产500~550千克，栽培技术条件好的，最高可达570千克/亩。

栽培要点：育秧：适时播种，旱育秧，大田每亩用种量1.5~2千克。移栽：秧龄30~35天，叶龄4~5叶适时移栽，栽插规格12厘米×26厘米，2.1万穴/亩，每穴栽插2苗，每亩基本苗4万苗以上。肥水管理：做到前期浅水，浅水促蘖，及时搁田，中期轻搁，后期干干湿湿灌溉。重施底肥，早施追肥。每亩施纯氮12千克，纯磷6千克，纯钾2千克；基蘖氮肥：穗氮肥为10∶0。病虫防治：注意防治白叶枯病、螟虫等病虫害。

适宜区域：适宜西双版纳州中低海拔500~1 200米地区早、中稻种植。2008—2011年景洪市主导品种，2000—2011年勐海县主导品种，2000—2004年勐腊县主导品种。

（五）冈优527

品种来源：四川农业大学水稻研究所用自育的不育系冈46A与自育的强优恢复系蜀恢527配组而成。国审稻2003004号。

特征特性：属中籼迟熟三系杂交水稻。全生育期148天。株高118.7厘米，茎秆粗壮。株叶形态好，叶色淡绿，苗期繁茂性好。主茎叶片数 16~17 叶。分蘖力中等，每亩有效穗 15.7 万穗，穗大粒重，穗长 25.5 厘米，平均每穗总粒数 169 粒，结实率 82%，千粒重 30 克。米质主要指标：整精米率 52.6%，长宽比 2.6，垩白率 67.8%，垩白度 15%，胶稠度 45 毫米，直链淀粉含量 20.9%。抗性：稻瘟病 3.5 级，白叶枯病 8 级，褐飞虱 7 级。

产量表现：一般亩产 550~600 千克，栽培技术条件好的，最高可达 650 千克/亩。

栽培要点：育秧：适时播种，旱育秧，大田每亩用种量 1.5~2 千克。移栽：秧龄 35~40 天，叶龄 4~5 叶适时移栽，栽插规格 12 厘米×26 厘米，2.1 万穴/亩，每穴栽插 2 苗，每亩基本苗 4 万苗以上。肥水管理：做到前期浅水，浅水促蘖，湿润灌溉，够苗晒田，中期轻搁，后期干干湿湿灌溉。重施底肥，早施追肥。每亩施纯氮 10~12 千克，纯磷 6 千克，纯钾 2 千克；基蘖氮肥：穗氮肥为 9:1。病虫防治：注意防治稻瘟病、螟虫等病虫害。

适宜区域：适宜西双版纳州低海拔 500~800 米地区早、中稻种植。2000—2004 年景洪市主导品种，2000—2006 年勐腊县主导品种。

（六）冈优 364

品种来源：四川省江油市水稻研究所、四川省种子站联合用冈 46A 与自育的江恢 364 配组育成。川审稻 95 号。

特征特性：属籼型三系杂交水稻，全生育期 147.8 天，比对照汕优 63 长 1.3 天，株高 114.9 厘米，穗长 24.9 厘米，每亩有效穗 16.1 万穗，平均每穗着粒 169.5 粒，结实率 80%，千粒重 26.7 克。苗期长势旺，分蘖力弱于对照，茎秆粗壮，叶片较长大，叶色绿，后期转色落黄好，短籽粒，无芒，颖尖紫色，米质与对照相当，抗稻瘟病能力略强于对照，叶瘟 6~8 级，颈瘟 5~9 级。

产量表现：一般亩产 500~550 千克，栽培技术条件好的，最高可达 580 千克/亩。

栽培要点：育秧：适时播种，旱育秧，大田每亩用种量 1.5~2 千克。移栽：秧龄 30~35 天，叶龄 4~5 叶适时移栽，栽插规格 12 厘米×26 厘米，2.1 万穴/亩，每穴栽插 2 苗，每亩基本苗 4 万苗以上。肥水管理：做到前期浅水，浅水促蘖，及时搁田，中期轻搁，后期干干湿湿灌溉。重施底肥，早施追肥。每亩施纯氮 12 千克，纯磷 6 千克，纯钾 2 千克；基蘖氮肥：穗氮肥为 10:0。病虫防治：注意防治白叶枯病、螟虫等病虫害。

适宜区域：适宜西双版纳州中低海拔 500~1 200 米地区早、中稻种植。2000—2008 年景洪市主导品种，2006—2007 年勐海县主导品种，2005—2006 年勐腊县主导品种。

（七）D 优 527

品种来源：四川农业大学水稻研究所用 D62A 与蜀恢 527 配组育成。国审稻 2003005 号。

特征特性：属中籼迟熟三系杂交稻，全生育期 145~150 天。主茎叶片数 17~18 叶，植株松散适中，茎秆粗壮，叶色深绿，苗期繁茂性好，分蘖力强；穗型中等，长粒型，后期转色好，叶鞘、颖尖紫色。株高 118 厘米；亩有效穗 17.6 万穗，穗长 25.5 厘米，穗粒数 150 粒，结实率 80%，千粒重 29.7 克。米质主要指标：整精米率 52.1%，长宽比 3.2，垩白率 43.5%，垩白度 7.0%，胶稠度 51 毫米，直链淀粉含量 22.7%。抗性：叶瘟 2.3 级，穗瘟 4 级，白叶枯病 7 级，褐飞虱 9 级。

产量表现：一般亩产 550~600 千克，栽培技术条件好的，最高可达 650 千克/亩。

栽培要点：育秧：适时播种，旱育秧，大田每亩用种量 1.5~2 千克。移栽：秧龄 35~40 天，叶龄 4~5 叶适时移栽，栽插规格 12 厘米×26 厘米，2.1 万穴/亩，每穴栽插 2 苗，每亩基本苗 4 万苗以上。肥水管理：做到前期浅水，浅水促蘖，湿润灌溉，够苗晒田，中期轻搁，后期干干湿湿灌溉。重施底肥，早施追肥。每亩施纯氮 10~11 千克，纯磷 6 千克，纯钾 2 千克；基蘖氮肥：穗氮肥为 9∶1。病虫防治：注意防治稻瘟病、螟虫等病虫害。

适宜区域：适宜西双版纳州中低海拔 500~1 200米地区早、中稻种植。2000—2005 年景洪市主导品种，2000—2004 年勐海县主导品种，2005—2006 年勐腊县主导品种。

（八）D 优 68

品种来源：四川农业大学水稻研究所和内江杂交水稻科技开发中心用 D62A 与多系 1 号配组育成。国审稻 2000002 号。

特征特性：属中籼迟熟三系杂交稻，全生育期 130 天。生长整齐，植株繁茂，分蘖力较强，成穗率高，适应性广，抗逆性强，熟色较好。株高 117 厘米，亩有效穗 17 万穗，穗长 23 厘米，穗粒数 145 粒，结实率 80%，千粒重 27 克。米质主要指标：糙米率 82.1%，精米率 72.2%，整精米率 66.5%，籽粒长宽比 3.39，垩白率 62%，直链淀粉含量 20.9%，主要米质标准达到部颁一级或二级优质米标准。抗稻瘟病。

产量表现：一般亩产 500~550 千克，栽培技术条件好的，最高可达 580 千克/亩。

栽培要点：育秧：适时播种，旱育秧，大田每亩用种量 1.5~2 千克。移栽：秧龄 35 天，叶龄 4~5 叶适时移栽，栽插规格（12~13）厘米×26 厘米，2 万穴/亩，每穴栽插 2 苗，每亩基本苗 4 万苗以上。水肥管理：做到前期浅水，浅水促蘖，湿润灌溉，够苗晒田，中期轻搁，后期干干湿湿灌溉。重施底肥，早施追肥，每亩施纯氮 10 千克，纯磷 5 千克，纯钾 2 千克；基蘖氮肥：穗氮肥为 9∶1。病虫防治：注意防治白叶枯病、螟虫等病虫害。

适宜区域：适宜西双版纳州低海拔 500~800 米地区早、中稻种植。2000—2004 年勐腊县主导品种。

（九）汕优 64

品种来源：浙江省武义县农业局、浙江省杭州市种子公司用珍汕 97A 与汕 64 配组而成。国审稻 GS01015-1990。

特征特性：属中籼型三系杂交水稻。全生育期 130~140 天。株高 112 厘米，茎秆细长，株形松紧适中，分蘖力中等。每亩有效穗 16 万穗，穗粒数 130 粒，结实率 80%，千粒重 27 克，穗长 21 厘米。抗性：较抗稻瘟病和白叶枯病，感纹枯病。

产量表现：一般亩产 480~520 千克，栽培技术条件好的，最高可达 540 千克/亩。

栽培要点：育秧：适时播种，旱育秧，大田每亩用种量 1.5~2 千克。移栽：秧龄 35~40 天，叶龄 4~5 叶适时移栽，栽插规格 12 厘米×26 厘米，2.1 万穴/亩，每穴栽插 2 苗，每亩基本苗 4 万苗以上。肥水管理：做到前期浅水，浅水促蘖，湿润灌溉，够苗晒田，中期轻搁，后期干干湿湿灌溉。重施底肥，早施追肥。每亩施纯氮 10 千克，纯磷 5 千克，纯钾 2 千克；基蘖氮肥：穗氮肥为 10∶0。病虫防治：注意防治纹枯病、螟虫等病虫害。

适宜区域：适宜西双版纳州中海拔 1 100~1 300米地区中、晚稻种植。2000—2006 年勐海县主导品种。

（十）K 优 047

品种来源：四川省农业科学院作物研究所用四川省农业科学院水稻高粱研究所选育的 K17A 与成恢 047 配组而成。国审稻 2001010 号。

特征特性：属籼型三系杂交水稻，全生育期 150 天。分蘖力强，成穗率高，株、叶型好，剑叶窄而上举，叶鞘、颖尖为紫色。株高 110 厘米；亩有效穗 16 万穗，穗长 25.5 厘米，穗粒数 136 粒，结实率 78%，千粒重 27 克。米质主要指标：出糙率 82%，精米率 75%，粒长 6.9 毫米，粒型（长宽比）3，垩白粒率 7%，垩白度 16%，透明度 2 级，碱消值 5.9 级，胶稠度 44 毫米，直链淀粉含量 20%。抗性：叶瘟 3 级，白叶枯病 1 级。

产量表现：一般亩产 550~580 千克，栽培技术条件好的，最高可达 620 千克/亩。

栽培要点：育秧：适时播种，旱育秧，大田每亩用种量 1.5~2 千克。移栽：秧龄 35 天，叶龄 4~5 叶适时移栽，栽插规格 12 厘米×26 厘米，2.1 万穴/亩，每穴栽插 2 苗，每亩基本苗 4 万苗以上。水肥管理：做到前期浅水，浅水促蘖，湿润灌溉，够苗晒田，中期轻搁，后期干干湿湿灌溉。重施底肥，早施追肥，每亩施纯氮 10~11 千克，纯磷 6 千克，纯钾 2 千克；基蘖氮肥：穗氮肥为 9：1。病虫防治：注意防治稻瘟病、螟虫等病虫害。

适宜区域：适宜西双版纳州低海拔 500~800 米地区中稻种植。2002—2005 年景洪市主导品种。

（十一）宜香 101

品种来源：四川省自贡市农业科学研究所 2001 年用宜香 1A 与恢复系 GR101 配组育成。川审稻 2006006 号。

特征特性：籼型杂交水稻。全生育期 120~170 天，株高 110 厘米，株形适中，分蘖力中，剑叶坚挺，穗长 22.3~32.3 厘米，穗总粒数 115.6~158.3 粒，穗实粒数 93.4~121.9 粒，结实率 77.0%~81.1%，谷粒椭圆形，无芒。有包颈现象，易落粒。米质检测：糙米率 79.6%，整精米率 71.2%，长宽比 3.21，垩白粒率 21%，垩白度 1.55%，胶稠度 100 毫米，直链淀粉含量 14.67%，粗蛋白 6.4%，碱消值 2 级。抗性鉴定：稻瘟病级 1 级，反应型抗；白叶枯病级 2 级，反应型抗。

产量表现：一般亩产 500~550 千克，栽培技术条件好的，最高可达 580 千克/亩。

栽培要点：育秧：适时播种，旱育秧，大田每亩用种量 1.5~2 千克。移栽：秧龄 35 天，叶龄 4~5 叶适时移栽，栽插规格（12~13）厘米×26 厘米，2 万穴/亩，每穴栽插 2 苗，每亩基本苗 4 万苗以上。水肥管理：做到前期浅水，浅水促蘖，湿润灌溉，够苗晒田，中期轻搁，后期干干湿湿灌溉。重施底肥，早施追肥，每亩施纯氮 10~12 千克，纯磷 5 千克，纯钾 4 千克；基蘖氮肥：穗氮肥为 8：2。病虫防治：注意防治白叶枯病、稻瘟病、稻飞虱等病虫害。

适宜区域：适宜西双版纳州中低海拔 500~1 200 米地区早、中稻种植。2007 年、2010 年、2011 年、2015 年景洪市主导品种，2010 年、2011 年勐海县主导品种，2008 年勐腊县主导品种。

（十二）宜香 3003

品种来源：四川省宜宾市农业科学研究所用宜香 1A 与宜恢 3003 杂交组配育成。国审稻 2004013 号。

特征特性：籼型杂交水稻。全生育期 150~160 天，株、叶型适中，叶色淡绿，剑叶挺直，穗层整齐，穗长着粒偏稀，籽粒大，后期转色好，易脱粒。耐寒性强。株高 116 厘米，穗长 26.2 厘米，穗总粒 142.6 粒，结实率 78.4%，千粒重 29.9 克。米质检测：出糙率 78%，精米率 70.2%，整精米率 61.5%，垩白粒率 16%，垩白度 3.2%，透明度 2 级，碱消值 5.2 级，胶稠度 88 毫米，直链淀粉含量 16%，粒长 7.3 毫米，长宽比 2.9。抗性鉴定：抗性：稻瘟病 9 级，白叶枯病 5 级，褐飞虱 9 级。

产量表现：一般亩产 650~700 千克，栽培技术条件好的，最高可达 750 千克/亩。

栽培要点：中稻种植，采用旱育秧，播种期 3 月 30 日至 4 月 20 日，移栽叶龄 3.5~4.5 叶，种植 1.7 万~1.85 万穴/亩，株行距（12~14）厘米×（28~30）厘米，每穴栽 1~2 苗，基本苗 2 万~

3 万/亩。薄水移栽，浅水活棵返青，湿润分蘖，够苗晒田。每亩施纯氮 12~14.5 千克、纯磷 6~7 千克、纯钾 4~5 千克；基肥：每亩施 45%复合肥 25 千克、12%过磷酸钙 20~30 千克，移栽前随耙田时施用；分蘖肥：每亩施 46%尿素 10 千克，移栽后 7~10 天与除草剂一起施用；穗肥：每亩施 45%复合肥 8~10 千克、46%尿素 7~10 千克，幼穗分化期施用。基蘖氮肥：穗氮肥为 6：4。注意防治稻瘟病、稻飞虱、稻纵卷叶螟等病虫害。

适宜区域：适宜西双版纳州中、低海拔地区 500~1 300 米中稻种植。2012 年、2014 年、2015 年、2017 年、2018 年西双版纳州种植面积排在第一位；2007 年、2008 年景洪市主导品种，2007—2018 年勐海县主导品种，2008 年、2011 年勐腊县主导品种。

（十三）渝香 203

品种来源：重庆再生稻研究中心、重庆市农业科学院水稻研究所、四川省宜宾市农业科学院，用宜香 1A 与渝恢 2103 选育而成。国审稻 2010006 号。

特征特性：该品种属籼型三系杂交水稻。中稻种植，全生育期平均 130~140 天，株形适中，熟期转色好，叶鞘、叶耳、叶舌、稃尖无色，穗顶部谷粒有少量顶芒，每亩有效穗数 16.3 万穗，株高 119 厘米，穗长 25 厘米，每穗总粒数 162 粒，结实率 76%，千粒重 30 克。米质主要指标：整精米率 59.0%，长宽比 3.0，垩白粒率 13%，垩白度 2.3%，胶稠度 64 毫米，直链淀粉含量 18.7%，达到《优质稻谷（GB/T 17891—1999）》国家标准 2 级。抗性：稻瘟病综合指数 5.0 级，穗瘟损失率最高级 7 级；褐飞虱 9 级；抽穗期耐热性中等，耐冷性较弱。

产量表现：一般亩产可达 450~500 千克，栽培技术条件好的，最高单产可达 530 千克/亩。

栽培要点：采用旱育秧，每亩（移栽大田）育秧面积 15 平方米，用 1 包壮秧剂（1.25 千克）作底肥，播种量 1.5~2 千克（以露白芽谷计），秧苗带蘖。移栽叶龄 4~5 叶，密度：1.8 万~2.0 万穴/亩，规格：株行距（12~13）厘米×（25~26）厘米，每穴栽 1~2 苗，基本苗 2 万~3 万苗/亩。科学管水，浅水促蘖，够苗及时晒田，孕穗抽穗期保持浅水层，灌浆结实期干湿交替，后期切忌断水过早。每亩施纯氮 11~12 千克、纯磷 5 千克、纯钾 4 千克。基蘖氮肥：穗氮肥为 8：2。病虫防治：注意及时防治稻瘟病、纹枯病、螟虫、稻飞虱等病虫害。

适宜区域：适宜西双版纳州低海拔 500~800 米地区中稻种植。2008—2010 年勐腊县主导品种。

（十四）准两优 527

品种来源：湖南杂交水稻研究中心、四川农业大学水稻研究所以准 S×蜀恢 527 组配选育。国审稻 2005026 号。

特征特性：该品种属籼型两系杂交水稻。株形适中，长势繁茂，抗倒性一般。作一季中稻种植全生育期平均 147 天，株高 116 厘米，每亩有效穗数 17.5 万穗，穗长 24.8 厘米，每穗总粒数 131.3 粒，结实率 88.3%，千粒重 31.7 克。米质主要指标：整精米率 52.7%，长宽比 3.2，垩白粒率 29%，垩白度 3.8%，胶稠度 59 毫米，直链淀粉含量 22.2%，达到《优质稻谷（GB/T 1789—1999）》国家标准 3 级。抗性：稻瘟病平均 5 级，最高 7 级。

产量表现：一般亩产 600~700 千克，栽培技术条件好的，最高可达 720 千克/亩。

栽培要点：育秧：适时播种，大田每亩用种量 1.5 千克。移栽：每亩插 1.5 万~1.6 万穴、基本苗 2~3 万苗。水浆管理，做到前期浅水，中期轻搁，后期采用干干湿湿灌溉，断水不宜过早。适宜在中等肥力水平下栽培，施肥以基肥和有机肥为主，前期重施，早施追肥，后期看苗施肥，每亩纯氮 15 千克、纯磷 5 千克、纯钾 5 千克。基蘖氮肥：穗氮肥为 7：3。病虫防治：注意及时防治稻瘟病、白叶枯病等病虫害。

适宜区域：适宜西双版纳州中海拔 1 100~1 200米地区早、中稻种植。2008 年、2009 年勐海县主导品种。

（十五）Q 优 6 号

品种来源：重庆市种子公司用宜香 2Q 与 R1005 选育品种。渝审稻 2005001 号。

特征特性：该品种属感温型三系杂交稻组合。株形适中，长势繁茂。作一季中稻种植全生育期平均 145 天，株高 118 厘米，每亩有效穗数 17 万穗，穗长 25 厘米，每穗总粒数 135 粒，结实率 83.3%，千粒重 29 克。米质主要指标：整精米率 65.6%，垩白粒率 22%，垩白度 3.6%，直链淀粉含量 15.2%，胶稠度 58 毫米，长宽比 3.0，国标优质 3 级。抗性：抗稻瘟病，中 B、中 C 群和总抗性频率分别为 90.48%、100% 和 94.44%，田间发病轻；高感白叶枯病。

产量表现：一般亩产 650~700 千克，栽培技术条件好的，最高可达 750 千克/亩。

栽培要点：育秧：适时播种，大田每亩用种量 1.5 千克。移栽：每亩插 1.6 万~1.7 万穴、基本苗 2 万~3 万苗。水浆管理上，做到前期浅水，中期轻搁，后期采用干干湿湿灌溉，断水不宜过早。适宜在中等肥力水平下栽培，施肥以基肥和有机肥为主，前期重施，早施追肥，后期看苗施肥。每亩施纯氮 14~15 千克，纯磷 6 千克，纯钾 5 千克；基蘖氮肥：穗氮肥为 7:3。病虫防治：注意防治白叶枯病。

适宜区域：适宜西双版纳州中低海拔 500~1 200米地区早、中稻种植。2008 年、2010 年景洪市主导品种，2008 年勐海县主导品种。

（十六）两优 2186

品种来源：福建省农业科学院水稻研究所以核不育系 SE21s 与明恢 86 杂交组配育成。滇审稻 200712 号。

特征特性：感温型两系籼型杂交水稻组合。全生育期 145~180 天，分蘖力中等偏强，株、叶型较紧凑，叶色偏淡，株高 114.3 厘米，穗长 25.2 厘米，穗总粒数 161 粒，穗实粒数 127 粒，结实率 79.1%，千粒重 31.6 克，有效穗 20.5 万穗/亩，成穗率 61.6%，落粒性适中。米质检测：出糙率 76.5%，精米率 69.0%，整精米率 60.2%，粒长 7.2 毫米，长宽比 2.8，垩白粒率 42%，垩白度 6.3%，透明度 3 级，碱消值 5 级，胶稠度 61 毫米，直链淀粉含量 21.5%。接种鉴定中抗稻瘟病，病圃鉴定叶瘟病 2 级，穗瘟病 3 级。

产量表现：一般亩产 700~780 千克，栽培技术条件好的，最高可达 950 千克/亩。

栽培要点：适时播种：早稻播种期 1 月 10 日至 2 月 20 日，移栽日期 2 月 25 日至 3 月 20 日，秧龄 30~45 天。中稻播种期 3 月 25 日至 4 月 5 日，移栽日期 4 月 20—30 日，秧龄 25~28 天。晚稻播种期 6 月 15—25 日，移栽日期 7 月 10—20 日，秧龄 25 天。培育壮秧：育秧采用旱育秧，每亩（移栽大田）育秧面积 15 平方米，用 1 包壮秧剂（1.25 千克）作底肥，播种量 1.5 千克（干谷子），移栽前 7 天看苗施“送嫁肥”，用 46% 尿素 1%~2% 浓度进行浇施，确保秧苗带 1 蘖以上移栽。合理密植：移栽规格株距 12~14 厘米、行距 28~30 厘米，1.7 万~1.85 万穴/亩，每穴栽 1~2苗，基本苗 2 万苗/亩以上，移栽时要实行规范化条栽，一律要求拉绳浅植条栽。科学施肥：每亩施纯氮 15~16 千克、纯磷 6 千克、纯钾 4~4.5 千克。基蘖氮肥：穗氮肥为 6:4。基肥：每亩施复合肥 20~30 千克、过磷酸钙 20~40 千克，移栽前随耙田时施用；分蘖肥：每亩施尿素 10 千克，移栽后 7~10 天与除草剂一起施用。穗肥：每亩施复合肥 10 千克、尿素 10~15 千克。水浆管理：移栽后，主要是为早生快发创造条件，以浅水管理和干湿交替为主，前期薄水分蘖，保持良好的通风透气，以田块不开裂为准。主要是掌握够蘖控水，移栽后 30~35 天，达到设计茎蘖数时，就要控制无效分蘖。中期干干湿湿以湿为主，幼穗分化阶段要灌好养胎水，防止干旱受害增加颖花退化，要保持 3~4 厘米水层，有利抽穗整齐，扬花灌浆阶段可以干花湿籽，保持土壤湿润，需要干干湿湿，切不能把田水放干晒田，防止早衰，影响粒重。病虫害防治：水稻病虫害防治提倡"绿色植保"，坚持"以防为主，综合防治"的原则，防治稻瘟病、白叶枯病、稻纵卷叶螟等[2]。

适宜区域：适宜西双版纳州中低海拔 500~1 200 米地区早、中、晚稻种植。2013 年、2016 年西双版纳州种植面积排在第一位；2011 年、2012 年景洪市主导品种，2009—2018 年勐海县主导品种，2009—2012 年勐腊县主导品种。

（十七）两优 1259

品种来源：福建省农业科学院水稻研究所 2003 年用水稻两系不育系宜香 SE21 与恢复系明恢 1259 组配育成品种。滇审稻 200710 号。

特征特性：该品种属两系杂交中熟籼稻，全生育期 150~165 天。株高 116 厘米，穗长 25.2 厘米，中等株高，群体整齐度好，分蘖能力强，每穗总粒数 160 粒，结实率 78%，千粒重 31 克。米质检测：糙米率 80.3%，精米率 70%，整精米率 58.9%，粒长 7.1 毫米，长宽比 2.8，垩白粒率 51%，垩白度 7.6%，透明度 2 级，碱消值 6 级，胶稠度 83 毫米，直链淀粉含量 18.1%。抗性鉴定：抗稻瘟病，感白叶枯病。

产量表现：一般亩产 750~800 千克，栽培技术条件好的，最高可达 850 千克/亩。

栽培要点：育秧：采用旱育秧，每亩（移栽大田）育秧面积 13 平方米，用 1 包壮秧剂（1.25 千克）作底肥，播种量 1.5 千克（干谷子）。移栽叶龄 4.5 叶，密度 1.92 万穴/亩。规格：株行距 12.4 厘米×28 厘米，每穴栽 1~2 苗，基本苗 2.8 万/亩。返青活棵期：水层 3~5 厘米；活棵至 80% 够苗叶龄期：干湿灌溉；80% 够苗叶龄期至拔节期：撤水晒田；拔节至抽穗期：干湿灌溉；抽穗至成熟期：干湿灌溉（以干为主）。每亩施纯氮 14~15 千克，纯磷 6~7 千克，纯钾 6~7 千克。基蘖肥：穗肥为 6:4。防治白叶枯病等。

适宜区域：适宜西双版纳州中低海拔地区 1 100~1 200 米早、中稻种植。2015—2018 年景洪市主导品种，2010—2018 年勐海县主导品种。

（十八）宜香 10 号

品种来源：四川省农业科学院作物研究所用四川省农业科学院水稻高粱研究所选育的 K17A 与成恢 047 配组而成。国审稻 2005014 号。

特征特性：属籼型三系杂交水稻。全生育期平均 130~150 天，株形紧凑，剑叶挺直，叶色浓绿，长势繁茂。株高 119.2 厘米，每亩有效穗数 16 万穗，穗长 25 厘米，穗粒数 150 粒，结实率 78%，千粒重 28 克。米质主要指标：整精米率 66.7%，长宽比 2.9，垩白粒率 14%，垩白度 1.9%，胶稠度 67 毫米，直链淀粉含量 16.9%，达到《优质稻谷（GB/T 17891—1999）》国家标准 2 级。抗性：稻瘟病平均 6.8 级，最高 9 级；白叶枯病 3 级；褐飞虱 7 级。

产量表现：一般亩产 500~550 千克，栽培技术条件好的，最高可达 570 千克/亩。

栽培要点：育秧：适时播种，旱育秧，大田每亩用种量 1.5~2 千克。移栽：秧龄 35 天，叶龄 4~5 叶适时移栽，栽插规格（12~13）厘米×26 厘米，2 万穴/亩，每穴栽插 2 苗，每亩基本苗 4 万苗以上。水浆管理：做到前期浅水，浅水促蘖，湿润灌溉，够苗晒田，中期轻搁，后期干干湿湿灌溉。重施底肥，早施追肥，每亩施纯氮 10~12 千克、纯磷 5 千克、纯钾 4 千克；基蘖氮肥：穗氮肥为 7:3。病虫防治：注意防治稻瘟病、螟虫等病虫害。

适宜区域：适宜西双版纳州低海拔 500~800 米地区中稻种植。2009 年、2010 年景洪市主导品种。

（十九）内香8518

品种来源：内江杂交水稻科技开发中心（四川）以内香85A与内恢95-18选育而成。国审稻2006024号。

特征特性：该品种属籼型三系杂交水稻。全生育期150~160天。株形适中，剑叶长而挺，叶色浓绿，每亩有效穗数17.4万穗，株高112.3厘米，穗长25.6厘米，每穗总粒数154.2粒，结实率80.1%，千粒重29.9克。米质检测：糙米率80.2%，精米率70.4%，整精米率64.1%，粒长7.2毫米，长宽比3.0，垩白粒率26.0%，垩白度4.3%，透明度4.0级，碱消值4.8，胶稠度90毫米，直链淀粉含量16.3%，蛋白质含量10.0%。抗性：稻瘟病平均5.8级，最高9级，抗性频率21.4%。

产量表现：一般亩产可达500~650千克，栽培技术条件好的，最高单产可达680千克/亩。

栽培要点：育秧：采用塑料软盘或者硬盘旱育秧，每亩（移栽大田）用育秧盘20个，用45%三元素复合肥2.5千克与育秧土混合作底肥，播种量2.5千克（以露白芽谷计），80~100克旱育保姆溶水10千克淋秧盘育矮壮秧苗。移栽：叶龄4~5叶，密度1.7万穴/亩以上，规格：株行距13厘米×30厘米，每穴栽3~4苗，基本苗5万~6万苗/亩。薄水移栽防漂秧，湿润分蘖，够苗晒田，每丛达13~14.5苗时晒田，控制无效分蘖；干干湿湿，以湿为主。每亩施纯氮14~17千克、纯磷7~8千克、纯钾5~6千克。基蘖氮肥：穗氮肥为6:4。防治水稻病虫害。

适宜区域：适宜西双版纳州低海拔500~800米地区早、中稻种植。2012—2018年景洪市主导品种。

（二十）两优2161

品种来源：福建省农业科学院水稻研究所和云南省农业科学院粮食作物研究所2005年以核不育系"SE21S"（母本）与恢复系"R61"杂交组配育成。滇审稻2010006号。

特征特性：籼型杂交水稻。全生育期147~180天，株高113.5厘米，穗长25.3厘米，穗总粒173粒，穗实粒137粒，结实率79.4%，千粒重30.3克。每亩有效穗18.2万穗，成穗率60.6%，落粒性适中。米质检测：出糙率80.9%，精米率69.1%，整精米率63.0%，垩白粒率29%，垩白度4.2%，透明度2级，碱消值6.0级，胶稠度65毫米，直链淀粉（干基）含量20.4%，粒长7.2毫米，粒型（长宽比）3.0，达到3级国家标准。抗性鉴定：抗稻瘟病，感白叶枯病。

产量表现：一般亩产700~750千克，栽培技术条件好的，最高可达930千克/亩。

栽培要点：适时播种，培育多蘖壮秧。合理密植，栽足基本苗，4叶移栽，拉绳浅植条栽，移栽规格：株距12~14厘米、行距28~30厘米，1.7万~1.85万穴/亩，每穴栽1~2苗，基本苗2万~3万苗/亩。合理施肥，保证品种对肥料养分的需求，亩施纯氮14~15千克、纯磷5~6千克、纯钾4~5千克；基蘖氮肥：穗氮肥为6:4。科学管水，适时晒田，控制无效分蘖，干干湿湿，以湿为主。防治白叶枯病、稻飞虱等病虫害。

适宜区域：适宜西双版纳州中、低海拔地区500~1200米早、中稻种植。2002—2013年景洪市主导品种，2010—2018年勐海县主导品种，2014年勐腊县主导品种。

（二十一）宜香725

品种来源：绵阳市农科所利用宜香1A与自选恢复系绵恢725组配而成。滇特（版纳）审稻

2010029 号。

特征特性：该品种属籼型杂交水稻。全生育期 146 天，株高 106.2 厘米，株形适中，剑叶坚挺，叶鞘绿色，分蘖力中，有包颈现象，有顶芒，穗长 24.8 厘米，实粒数 149 粒，结实率 78.2%。米质检测：糙米率 80.8%，整精米率 71.4%，长宽比 2.9，垩白粒率 14%，垩白度 1.5%，胶稠度 80 毫米，直链淀粉含量 15.0%，粗蛋白含量 6.4%，碱消值 7.0 级，透明度级 1，达国标等级优 3 级。抗性鉴定评价：抗稻瘟病、白叶枯病。

产量表现：一般亩产 450~500 千克，栽培技术条件好的，最高可达 550 千克/亩。

栽培要点：适时播种，培育壮秧，合理密植，每亩栽插 1.6 万~1.8 万穴以上。采取浅水促蘖、适时晒田、有水抽穗、湿润灌浆、后期干湿交替。加强管理，合理施肥，重施基肥，早施追肥，注意氮、磷、钾肥合理搭配，每亩施纯氮 12 千克、纯磷 5 千克、纯钾 5 千克；基蘖氮肥：穗氮肥为 8∶2。及时防治稻瘟病、稻飞虱等病虫害。

适宜区域：适宜西双版纳州低海拔地区 500~800 米中稻种植。2012—2018 年勐腊县主导品种。

（二十二）　金优 11

品种来源：四川华龙种业有限责任公司以金 23A 与龙恢 11 选育品种。国审稻 2006032 号。

特征特性：该品种属籼型三系杂交水稻，株形适中，叶色浓绿，后期转色好。作一季中稻种植全生育期平均 150 天。每亩有效穗数 16.8 万穗，株高 112 厘米，穗长 25.5 厘米，每穗总粒数 166 粒，结实率 77.7%，千粒重 30 克。米质主要指标：整精米率 59.5%，长宽比 3.1，垩白粒率 31%，垩白度 4.1%，胶稠度 66 毫米，直链淀粉含量 23.7%。抗性：稻瘟病平均 5.7 级，最高 9 级，抗性频率 46%。

产量表现：一般亩产 650~700 千克，栽培技术条件好的，最高可达 750 千克/亩。

栽培要点：育秧：适时播种，大田每亩用种量 1.5 千克。移栽：每亩插 1.7 万~1.8 万穴，基本苗 3 万~4 万苗。肥水管理：做到前期浅水，中期轻搁，后期采用干干湿湿灌溉。在中等肥力水平下栽培，重施基肥，早施追肥，增施磷、钾肥。每亩施纯氮 14 千克，纯磷 6 千克，纯钾 5 千克；基蘖氮肥：穗氮肥为 7∶3。病虫防治：注意防治稻瘟病、细菌性条斑病。

适宜区域：适宜西双版纳州中海拔 1 100~1 200 米地区早、中稻种植。2011 年、2012 年勐海县主导品种。

（二十三）　宜香 1979

品种来源：宜宾市农业科学研究所以宜香 1A 与宜恢 1979 配组杂交而成。国审稻 2006026 号。

特征特性：该品种属籼型三系杂交水稻。全生育期平均 145~160 天。主要农艺性状：株形紧凑，长势繁茂，后期转色好，每亩有效穗数 17.3 万穗，株高 122.9 厘米，穗长 26.2 厘米，每穗总粒数 173.4 粒，结实率 79.1%，千粒重 26.9 克。米质检测：糙米率 81.7%，精米率 75.1%，整精米率 65.2%，粒长 6.8 毫米，长宽比 2.7，垩白粒率 39%，垩白度 5.5%，透明度 2 级，碱消值 4.9，胶稠度 65 毫米，直链淀粉含量 14.8%，蛋白质含量 9.6%。抗性：稻瘟病平均 5.7 级，最高 9 级，抗性频率 21.4%。

产量表现：一般亩产可达 500~650 千克，栽培技术条件好的，最高单产可达 700 千克/亩。

栽培要点：育秧：采用旱育秧，每亩（移栽大田）育秧面积 10~15 平方米，用 12%普钙 5 千克作底肥，播种量 2 千克（以露白芽谷计）。移栽：叶龄 4~5 叶，密度 1.7 万穴/亩，规格为株行距 15 厘米×25 厘米，每穴栽 1~2 苗，基本苗 2 万~3 万苗/亩。薄水移栽，寸水返青，浅水分蘖，够苗晒田，每丛达 12~13 苗时晒田，控制无效分蘖；中期干干湿湿，以湿为主，幼穗分化阶段要灌好养胎水，扬花灌浆阶段保持土壤湿润，收获前 10 天断水晒田。每亩施纯氮 15~16 千克、纯磷 6 千克、纯钾 4~4.5 千克。基蘖氮肥：穗氮肥为 7：3。防治穗颈瘟、细菌性条斑病、稻纵卷叶螟 等病虫害。

适宜区域：适宜西双版纳州低海拔 500~800 米地区中稻种植。2012—2018 年景洪市主导品种。

（二十四）宜优 673

品种来源：福建省农业科学院水稻研究所用宜香 1A 与福恢 673 杂交组配育成。滇审稻 2010005 号。

特征特性：该品种属籼型杂交水稻。株形集散适中，叶色淡绿。全生育期 150~170 天，平均 株高 118.8 厘米，穗实粒 145.7 粒，结实率 71.8%，千粒重 31.8 克。米质检测：出糙率 80.0%，精米率 70.4%，整精米率 65.7%，垩白粒率 30%，垩白度 2.7%，透明度 2 级，碱消值 5.3 级，胶 稠度 85 毫米，直链淀粉（干基）含量 15.3%，粒长 7.3 毫米，粒型（长宽比）2.9。抗性鉴定：抗稻瘟病，高感白叶枯病。

产量表现：一般亩产 650~700 千克，栽培技术条件好的，最高可达 770 千克/亩。

栽培要点：早稻种植，采用旱育秧或塑盘秧，移栽叶龄 4 叶，密度 1.7 万~1.8 万穴/亩，规 格为株行距（12~13）厘米×30 厘米，每穴栽 1~2 苗，基本苗 2 万~3.5 万苗/亩。薄水移栽，够苗 晒田，干湿灌溉。每亩施纯氮 13~15 千克，纯磷 6 千克，纯钾 5 千克；基蘖氮肥：穗氮肥为 6：4。病虫害综合防治：及时防治稻瘟病、细菌性条斑病、稻纵卷叶螟等。

适宜区域：适宜西双版纳州中海拔地区 1 100~1 200 米早、中稻种植。2010—2018 年勐海县主 导品种。

（二十五）内香优 9 号

品种来源：内江杂交水稻科技开发中心用内香 3A 与内香恢 2 号杂交组配育成。滇审稻 200718 号。

特征特性：该品种属籼型三系杂交水稻。全生育期 15 天，株高 108 厘米，穗长 24.5 厘米，颖 尖、叶鞘无色，叶色淡绿，株形松散适中。穗总粒数 139 粒，结实率 81.6%，千粒重 31 克。分蘖 力强，有效穗 21.5 万/亩，成穗率 65.0%，落粒性中等。品质测试结果为：出糙率 81.2%，整精米 率 56.4%，垩白粒率 25%，垩白度 3.8%，胶稠度 82 毫米，粒长 7.6 毫米，长宽比 3.0，直链淀粉 含量 15.42%，有香味，达国优 3 级。接种鉴定中感稻瘟病。

产量表现：一般亩产 600~630 千克，栽培技术条件好的，最高可达 660 千克/亩。

栽培要点：早稻种植，采用旱育秧或塑盘育秧，移栽叶龄 4 叶，密度 1.7 万~1.8 万穴/亩，规 格为株行距（12~13）厘米×30 厘米，每穴栽 1~2 苗，基本苗 2 万~3.5 万苗/亩。薄水移栽，够苗 晒田，干湿灌溉。每亩施纯氮 14 千克，纯磷 5 千克，纯钾 5 千克；基蘖氮肥：穗氮肥为 7：3。防 治稻瘟病、白叶枯病、稻飞虱等病虫害[3]。

适宜区域：适宜西双版纳州中低海拔地区 500~1 200 米早、中稻种植。2013 年景洪市主导品 种，2014 年勐海县主导品种。

（二十六）文富 7 号

品种来源：文山州农业科学研究所用宜香 1A 与自育恢复系文恢 206 配组育成。滇审稻 2008002 号。

特征特性： 该品种属籼型杂交水稻，株形紧凑，叶色浅绿，落粒性适中。全生育期 149 天，株高 110.5 厘米，穗总粒数 147 粒，结实率 78%，千粒重 31 克，有效穗 19.0 万/亩，成穗率 66.2%。品质检测：糙米率 81.7%，精米率 73.6%，整精米率 65.9%，垩白粒率 9%，垩白度 0.9，直链淀粉含量 17.5%，胶稠度 82 毫米，粒长 7.3 毫米，长宽比 3.3，透明度 1，碱消值 6 级，香米，综合评定国优 1 级。接种鉴定中感稻瘟病。

产量表现： 一般亩产 600~650 千克，栽培技术条件好的，最高可达 660 千克/亩。

栽培要点： 育秧：适时播种，旱育秧，大田每亩用种量 1.5 千克。移栽：4 叶移栽，每亩插 1.7 万~1.8 万穴，基本苗 3 万~4 万苗。肥水管理：做到前期浅水，中期轻搁，后期采用干干湿湿灌溉。在中等肥力水平下栽培，重施基肥，早施追肥，增施磷、钾肥。每亩施纯氮 13 千克，纯磷 5 千克，纯钾 5 千克；基蘖氮肥：穗氮肥为 7:3。病虫防治：防治稻瘟病、螟虫、稻飞虱等病虫害。

适宜区域： 适宜西双版纳州中海拔 1 100~1 200 米地区中、晚稻种植。2014—2018 年勐海县主导品种。

（二十七）两优 816

品种来源： 福建省农业科学院水稻研究所用 45S 与 HR16 杂交组配育成。闽审稻 2007015 号。

特征特性： 该品种属籼型杂交水稻。全生育期 150~170 天，株形适中，群体整齐，熟期转色好，每亩有效穗数 19 万穗，株高 110 厘米，穗长 24.4 厘米，每穗总粒数 140 粒，结实率 83%，千粒重 29 克。米质检测结果，糙米率 82.2%，精米率 73.0%，整精米率 61.8%，粒长 6.9 毫米，垩白率 84.0%，垩白度 57.0%，透明度 1 级，碱消值 4.7 级，胶稠度 68.0 毫米，直链淀粉含量 24.8%，蛋白质含量 8.1%。抗性鉴定：综合评价为感稻瘟病。

产量表现： 一般亩产 650~700 千克，栽培技术条件好的，最高可达 770 千克/亩。

栽培要点： 早稻种植，采用旱育秧或塑盘育秧。移栽：叶龄 4 叶，密度 1.7 万~1.8 万穴/亩，规格为株行距（12~13）厘米×30 厘米，每穴栽 1~2 苗，基本苗 2 万~3.5 万/亩。薄水移栽，浅水促蘖、适时烤田、后期干湿交替。每亩施纯氮 15 千克，纯磷 5 千克，纯钾 5 千克；基蘖氮肥：穗氮肥为 6:4。防治白叶枯病、稻瘟病等病虫害。

适宜区域： 适宜西双版纳州中海拔地区 1 100~1 200 米早、中稻种植。2014—2017 年勐海县主导品种。

（二十八）宜优 1988

品种来源： 成都天府农作物研究所以宜香 1A 与天恢 1988 组配而成。滇审稻 2011006 号。

特征特性： 该品种属籼型三系杂交水稻。全生育期 150~160 天。主要农艺性状：株形紧凑，剑叶挺直，谷粒黄色、无芒，稃尖紫色，米粒有香味，易落粒。平均全生育期 154 天，株高 114.4 厘米，穗长 26 厘米，穗总粒数 171 粒，穗实粒 132 粒，结实率 85%，千粒重 32.8 克。米质检测：出糙率 80.4%，精米率 72.3%，整精米率 62.4%，粒长 7.2 毫米，长宽比 3.0，垩白粒率 10%，垩白度 1%，透明度 2 级，碱消值 6.5 级，胶稠度 80 毫米，直链淀粉（干基）含量 18.4%，达国优 1 级标准。抗性鉴定：感稻瘟病 7 级，中感白叶枯病 6 级。

产量表现： 一般亩产可达 650~740 千克，栽培技术条件好的，最高单产可达 760 千克/亩。

栽培要点： 采用旱育秧，每亩（移栽大田）育秧面积 15 平方米，用 1 包壮秧剂（1.25 千克）作底肥，播种量 2 千克（以露白芽谷计），秧苗带蘖。移栽：叶龄 4~5 叶，密度 1.8 万~2.0 万穴/亩，规格为株行距 13 厘米×25 厘米，每穴栽 1~2 苗，基本苗 2 万~3 万苗/亩，稻苗靠插也靠发。每亩施纯氮 13~14 千克，纯磷 6~7 千克，纯钾 4~5 千克。基蘖氮肥：穗氮肥为 6：4。防治白叶枯病、稻瘟病、螟虫、稻飞虱等病虫害。

适宜区域：适宜西双版纳州低海拔 500~800 米地区早、中稻种植。2014—2017 年景洪市主导品种，2018 年勐腊县主导品种。

（二十九）宜香 107

品种来源：湖北清江种业有限责任公司用宜香 1A 与 HR107 配组育成。滇特（红河）审稻 2011015 号。

特征特性：属籼型三系杂交水稻，全生育期 160 天，株形适中，茎秆粗壮，叶色浓绿，剑叶宽大，颖尖紫色，顶谷有短芒，熟期落黄好，落粒性中等。株高 101.4 厘米，穗长 23.3 厘米，穗总粒数 145 粒，结实率 86%，千粒重 29.7 克。米质检测：出糙率 80.9%，精米率 72.8%，整精米率 64.1%，垩白粒率 39%，垩白度 3.9%，透明度 2 级，碱消值 4.5 级，胶稠度 40 毫米，直链淀粉含量 22.3%，粒长 6.8 毫米，长宽比 3.1。抗性鉴定：抗稻瘟病（3 级），中感白叶枯病（6 级）。

产量表现：一般亩产 600~650 千克，栽培技术条件好的，最高单产可达 680 千克/亩。

栽培要点：旱育秧，秧龄 30~35 天移栽。合理密植、扩行缩株，行距 30 厘米，株距 12~14 厘米，每亩插 1.6 万~1.8 万穴，每穴栽 2 苗，每亩基本苗 3 万苗以上。水分管理干湿交替，插秧后浅水护苗活棵管理，促进早生快发；分蘖期浅水勤灌，及时晒田，控制无效分蘖，孕穗期、抽穗扬花期保持浅水灌溉，灌浆结实期干湿交替，蜡熟期干干湿湿。深施基肥，氮肥后移，每亩纯氮 14 千克、纯磷 5 千克、纯钾 5 千克。基蘖氮肥：穗氮肥为 7：3。病虫害防治：注意防治白叶枯病、螟虫、稻飞虱等病虫害。

适宜区域：适宜西双版纳州中海拔 1 100~1 200 米地区早、中稻种植。2014—2017 年勐海县主导品种。

（三十）内 5 优 39

品种来源：内江杂交水稻科技开发中心用品种内香 5A 与内恢 2539 选育而成。国审稻 2011009 号。

特征特性：该品种属籼型三系杂交水稻。全生育期平均 130~140 天，株形紧凑，叶片较宽，叶鞘、叶缘、颖尖、茎节紫色，熟期转色好。株高 112.2 厘米，每亩有效穗数 16 万穗，穗长 25.6 厘米，每穗总粒数 140.6 粒，结实率 82.1%，千粒重 29 克。米质主要指标：整精米率 67.0%，长宽比 2.9，垩白粒率 13.5%，垩白度 1.9%，胶稠度 71 毫米，直链淀粉含量 16.7%，达到《优质稻谷（GB/T 17891—1999）》国家标准 2 级。抗性：稻瘟病综合指数 4.0 级，穗瘟损失率最高级 5 级；褐飞虱 9 级；耐热性弱。中感稻瘟病，高感褐飞虱。

产量表现：一般亩产 550~580 千克，栽培技术条件好的，最高可达 600 千克/亩。

栽培要点：育秧：适时播种，旱育秧，大田每亩用种量 1.5 千克。移栽：秧龄 30 天、叶龄 4~5 叶适时移栽，栽插规格 14 厘米×28 厘米，每穴栽插 2 苗，每亩基本苗 3 万~4 万苗。前期浅水，浅水促蘖，及时搁田，后期干干湿湿灌溉。重施底肥，早施追肥，氮、磷、钾肥配合施用。每亩施纯氮 14 千克，纯磷 5 千克，纯钾 5 千克；基蘖氮肥：穗氮肥为 7：3。病虫防治：注意及时防治稻瘟病、螟虫、稻飞虱等病虫害。

适宜区域：适宜西双版纳州低海拔 500~800 米地区中、晚稻种植。2015—2017 年勐腊县主导品种。

（三十一）赣优明占

品种来源：福建省三明市农业科学研究所和江西省农业科学院水稻研究所以赣香 A 与双抗明占杂交组配育成。闽审稻 2011004 号。

特征特性：属籼型感温三系杂交水稻组合。全生育期 145～170 天。主要农艺性状：中等株高，群体整齐好，分蘖力中等，结实率高，后期熟色好。平均株高 117.1 厘米，平均穗长 23.5 厘米，每穗总粒数 156.5 粒，结实率 88.24%，千粒重 29.7 克。米质检测：糙米率 79.4%，精米率 70.9%，整精米率 62.5%，粒长 7.4 毫米，长宽比 3.0，垩白粒率 32.0%，垩白度 5.4%，透明度 2 级，碱消值 6.9，胶稠度 36 毫米，直链淀粉含量 23.3%，蛋白质含量 7.9%。人工接种鉴定高抗苗瘟，中抗稻瘟病，中感白叶枯；田间种植均无穗颈瘟发生，白叶枯多点轻度感病。

产量表现：一般亩产 750～850 千克，栽培技术条件好的，最高单产可达 990 千克/亩。

栽培要点：旱育秧或塑盘育秧，秧龄 30 天移栽。合理密植、扩行缩株，行距 30 厘米，株距 12～14 厘米，每亩插 1.6 万～1.8 万穴，每穴栽 2 苗，每亩基本苗 3 万苗以上。水分管理干湿交替，插秧后浅水护苗，活棵管理，促进早生快发；分蘖期浅水勤灌，每丛茎蘖数达 15 苗，及时晒田，控制无效分蘖，孕穗期、抽穗扬花期保持浅水灌溉，灌浆结实期干湿交替，蜡熟期干干湿湿。深施基肥，氮肥后移，每亩纯氮 15～16 千克、纯磷 6 千克、纯钾 5 千克。基蘖氮肥：穗氮肥为 6∶4。始穗期喷施叶面肥磷酸二氢钾，促花保花，增加粒重。病虫害防治坚持"以防为主，综合防治"原则，做到发现病虫害，晴天及时防治。

适宜区域：适宜西双版纳州中海拔 1 100～1 200 米地区早、中稻种植。2015 年、2016 年勐海县主导品种。

（三十二）宜香优 2115

品种来源：四川省绿丹种业有限责任公司、四川农业大学农学院、宜宾市农业科学院，用宜香 1A 与雅恢 2115 选育而成。国审稻 2012003 号。

特征特性：该品种属籼型三系杂交水稻。全生育期平均 130～140 天。每亩有效穗数 15 万～16 万穗，株高 112 厘米，穗长 26.8 厘米，每穗总粒数 150 粒，结实率 82.2%，千粒重 31 克。米质主要指标：整精米率 54.5%，长宽比 2.9，垩白粒率 15.0%，垩白度 2.2%，胶稠度 78 毫米，直链淀粉含量 17.1%。抗性：稻瘟病综合指数 3.6，穗瘟损失率最高级 5 级，抗性频率 33.7%，褐飞虱 9 级，中感稻瘟病，高感褐飞虱。

产量表现：一般亩产 550～570 千克，栽培技术条件好的，最高可达 600 千克/亩。

栽培要点：育秧：适时播种，旱育秧，大田每亩用种量 1.5 千克。移栽：秧龄 25～30 天、叶龄 4～5 叶适时移栽，栽插规格 14 厘米×28 厘米，每穴栽插 2 苗，每亩基本苗 3 万～4 万苗。前期浅水，浅水促蘖，及时搁田，后期干干湿湿灌溉。重施底肥，早施追肥，氮、磷、钾肥配合施用。每亩施纯氮 14 千克，纯磷 5 千克，纯钾 5 千克；基蘖氮肥：穗氮肥为 7∶3。病虫防治：防治稻瘟病、螟虫、稻飞虱等病虫害。

适宜区域：适宜西双版纳州低海拔 500～800 米地区中、晚稻种植。2015—2017 年勐腊县主导品种。

（三十三）泸香 658

品种来源：四川省农业科学院水稻高粱研究所、中国科学院遗传与发育生物学研究所、四川禾嘉种业有限公司，用泸香 618A 与泸恢 8258 选育。国审稻 2010033 号。

特征特性：该品种属籼型三系杂交水稻，株形适中，长势繁茂，叶色淡绿。全生育期 120 天，株高 109 厘米，穗长 25.5 厘米，每穗总粒数 134.6 粒，结实率 76.1%，千粒重 27.7 克。品质检测：整精米率 57.4%，长宽比 3.3，垩白粒率 16%，垩白度 2.6%，胶稠度 49 毫米，直链淀粉含量 17.7%。抗性：稻瘟病综合指数 5.1 级，穗瘟损失率最高级 7 级；白叶枯病 9 级；褐飞虱 9 级；抽穗期耐冷性中等。

产量表现：一般亩产 550~600 千克，栽培技术条件好的，最高可达 650 千克/亩。

栽培要点：育秧：适时播种，旱育秧，大田每亩用种量 1.5 千克。移栽：秧龄 30 天、叶龄 4~5 叶适时移栽，栽插规格 16 厘米×28 厘米，每穴栽插 2 苗，每亩基本苗 3 万~4 万苗。肥水管理：做到前期浅水，浅水促蘖，及时搁田，中期轻搁，后期干干湿湿灌溉。重施底肥，早施追肥，氮、磷、钾肥配合施用。每亩施纯氮 14 千克，纯磷 5 千克，纯钾 5 千克；基蘖氮肥：穗氮肥为 7：3。病虫防治：注意防治白叶枯病、纹枯病、稻飞虱等病虫害。

适宜区域：适宜西双版纳州低海拔 500~800 米地区中、晚稻种植。2016—2018 年景洪市主导品种。

（三十四）宜香 9 号

品种来源：四川省宜宾市农业科学研究所用宜香 1A 与宜恢 9 号选育。国审稻 2005008 号。

特征特性：该品种属三系杂交迟熟中籼，全生育期 145~165 天。株高 125.1 厘米，株形松散适中，叶下禾，植株整齐，茎秆粗壮，分蘖力较弱，落色好。每穗总粒数 194.8 粒，结实率 73.9%，千粒重 25.7 克。米质检测：糙米率 80.3%，精米率 74.2%，整精米率 68.1%，粒长 6.1 毫米，长宽比 2.6，垩白粒率 30%，垩白度 5.2%，透明度 2 级，碱消值 5.5 级，胶稠度 55 毫米，直链淀粉含量 21.1%，蛋白质含量 7.6%。抗性：叶瘟 6 级，穗瘟 9 级，高感稻瘟病；抗高温能力一般，抗寒能力一般。

产量表现：一般亩产 650~700 千克，栽培技术条件好的，最高可达 760 千克/亩。

栽培要点：适时播种，培育壮秧，合理密植，每亩栽插 1.6 万~1.8 万穴。采取浅水促蘖、适时晒田、有水抽穗、湿润灌浆、后期干湿交替。加强管理合理施肥，重施基肥，早施追肥，注意氮、磷、钾肥合理搭配，每亩施纯氮 14 千克、纯磷 5 千克、纯钾 5 千克；基蘖氮肥：穗氮肥为 7：3。及时防治稻瘟病、稻飞虱等病虫害。

适宜区域：适宜西双版纳州中、低海拔地区 500~1 200 米早、中、晚稻种植。2016 年、2018 年景洪市主导品种，2014—2017 年勐海县主导品种，2015 年、2016 年勐腊县主导品种。

（三十五）宜香优 1108

品种来源：宜宾市农业科学院用宜香 1A 与宜恢 1108 选育的品种。国审稻 2014018 号。

特征特性：该品种属籼型三系杂交水稻。全生育期 130 天。株高 122.5 厘米，叶色淡绿，株形适中，剑叶挺直，叶鞘、叶缘绿色，叶耳浅绿色，分蘖力较强，亩有效穗 14.3 万穗，穗长 27 厘米，穗粒数 145 粒，结实率 82.8%，千粒重 28.9 克。品质测定：出糙率 79.0%，整精米率 55.4%，粒长 7.3 毫米，长宽比 2.9，垩白粒率 16%，垩白度 3.4%，胶稠度 82 毫米，直链淀粉含量 16.1%，蛋白质含量 8.0%，米质达国标 3 级优米标准。稻瘟病抗性鉴定：叶瘟 4、8、7、7 级，颈瘟 5、7、7、7 级。

产量表现：一般亩产 500~600 千克，栽培技术条件好的，最高可达 650 千克/亩。

栽培要点：适时播种：中稻播种期 3 月 25 日至 4 月 5 日，移栽日期 4 月 20—30 日，秧龄 25~

28天。晚稻播种期5月1—25日，移栽日期5月25日至6月21日，秧龄25天。培育壮秧：育秧采用旱育秧，每亩（移栽大田）育秧面积15平方米，用1包壮秧剂（1.25千克）作底肥，播种量1.5千克（干谷子），确保秧苗带1蘖以上移栽。合理密植：1.4万～1.5万穴/亩，株行距15厘米×（30～33）厘米，每穴栽2苗，基本苗2.8万～3万/亩。移栽时要实行规范化条栽，一律要求拉绳浅植条栽。科学施肥：基肥不施。分蘖肥：叶龄7叶时，每亩施尿素14千克、复合肥10千克，与除草剂一起施用。促花肥：叶龄11叶时，每亩施复合肥25千克。保花肥：叶龄13叶时，每亩施尿素6千克、氯化钾5千克。水浆管理：移栽后，以浅水管理和干湿交替为主，前期薄水分蘖，保持良好的通风透气，以田块不开裂为准。主要是掌握够蘖控水，达到设计茎蘖数时，就要控制无效分蘖。中期干干湿湿以湿为主，幼穗分化阶段要灌好养胎水，防止干旱受害增加颖花退化，保持土壤湿润，干干湿湿。防治稻瘟病、稻飞虱等病虫害。

适宜区域：适宜西双版纳州低海拔500～800米地区中、晚稻种植。2016—2018年勐腊县主导品种。

（三十六）明两优527

品种来源：福建省三明市农业科学研究所和福建六三种业有限责任公司用明香10S与蜀恢527组配选育。桂审稻2009014号。

特征特性：该品种属感温型两系杂交水稻，桂南早稻种植，全生育期130天左右。株叶型适中，叶色绿，剑叶长33厘米、剑叶宽2.2厘米，剑叶竖直，叶鞘绿色；穗型长，着粒密度中，颖色深黄，秤尖无色，有少量芒，芒色白；每亩有效穗数16.8万穗，株高119.9厘米，穗长26.5厘米，穗粒数154.5粒，结实率82.4%，千粒重28.4克。米质主要指标：糙米率81.3%，整精米率61.4%，长宽比3.0，垩白米率19%，垩白度3.6%，胶稠度80毫米，直链淀粉含量14%。抗性：苗叶瘟5～6级，穗瘟5～9级，穗瘟损失指数29.3%～64.3%，稻瘟病抗性综合指数5.0～8.3；白叶枯病致病Ⅳ型5～7级、Ⅴ型7级。

产量表现：一般亩产500～600千克，栽培技术条件好的，最高可达715千克/亩。

栽培要点：适时播种：中稻播种期3月25日至4月5日，移栽日期4月20—30日，秧龄25～28天。晚稻播种期5月1—25日，移栽日期5月25日至6月21日，秧龄25天。培育壮秧：育秧采用旱育秧，每亩（移栽大田）育秧面积15平方米，用1包壮秧剂（1.25千克）作底肥，播种量1.5千克（干谷子），确保秧苗带1蘖以上移栽。合理密植：1.4万～1.5万穴/亩，株行距15厘米×（30～33）厘米，每穴栽2苗，基本苗2.8万～3万/亩。移栽时要实行规范化条栽，一律要求拉绳浅植条栽。科学施肥：基肥不施。分蘖肥：叶龄7叶时，每亩施尿素14千克、复合肥10千克，与除草剂一起施用。促花肥：叶龄11叶时，每亩施复合肥25千克。保花肥：叶龄13叶时，每亩施尿素6千克、氯化钾5千克。水浆管理：移栽后，主要是要为早生快发创造条件，以浅水管理和干湿交替为主，前期薄水分蘖，保持良好的通风透气，以田块不开裂为准。主要是掌握够蘖控水，移栽后30～35天，达到设计茎蘖数时，就要控制无效分蘖。中期干干湿湿以湿为主，幼穗分化阶段要灌好养胎水，防止干旱受害增加颖花退化，要保持3～4厘米水层，有利抽穗整齐，扬花灌浆阶段可以干花湿籽，保持土壤湿润，需要干干湿湿，切不能把田水放干晒田，防止早衰，影响粒重。病虫害防治：水稻病虫害防治提倡"绿色植保"，坚持"以防为主，综合防治"的原则，做到勤防勤查，发现病虫害，及时防治，防治稻瘟病、螟虫、稻飞虱等病虫害。

适宜区域：适宜西双版纳州低海拔500～800米地区中、晚稻种植。2014—2017年勐腊县主导品种。

(三十七) 德优 4727

品种来源： 四川省农业科学院水稻高粱研究所、四川省农业科学院作物研究所用德香 074A 与成恢 727 组配而成。国审稻 2014019 号。

特征特性： 该品种属籼型三系杂交水稻，全生育期 160 天，株高 110 厘米，株形适中，叶缘、颖尖、节间为秆黄色。亩有效穗 18.16 万穗，穗长 24 厘米，穗总粒数 157 粒，结实率 82.8%，千粒重 31 克，落粒性好。米质检测：出糙率 82%，精米率 74.3%，整精米率 71.3%，垩白粒率 20%，垩白度 2.2%，直链淀粉含量 16.6%，胶稠度 87 毫米，粒长 7 毫米，长宽比 2.8，透明度 1 级，碱消值 6.8 级，达到国标 3 级优质标准。抗性：中感白叶枯病，抗稻瘟病。

产量表现： 一般亩产 700~750 千克，栽培技术条件好的，最高可达 770 千克/亩。

栽培要点： 育秧：适时播种，大田每亩用种量 1.5 千克。移栽：每亩插 1.7 万~1.8 万穴，基本苗 3 万~4 万苗。肥水管理：做到前期浅水，中期轻搁，后期采用干干湿湿灌溉。在中等肥力水平下栽培，重施基肥，早施追肥，增施磷、钾肥。每亩施纯氮 14 千克，纯磷 6 千克，纯钾 5 千克；基蘖氮肥：穗氮肥为 7∶3。病虫防治：防治稻瘟病、白叶枯病、螟虫、飞虱等病虫害。

适宜区域： 适宜西双版纳州中海拔 1 100~1 200 米地区早、中稻种植。2017 年、2018 年勐海县主导品种。

(三十八) 两优 2111

品种来源： 福建省农业科学院水稻研究所、云南省农业科学院粮食作物研究所用核不育系 "SE21S" 与恢复系 "R11" 组配而成。滇审稻 2010007 号。

特征特性： 该品种属籼型杂交水稻。全生育期 150~160 天，株高 110 厘米，每亩有效穗 20 万穗，穗长 24.4 厘米，穗总粒 160 粒，结实率 79%，千粒重 30 克。米质检测：出糙率 81.0%，精米率 70.2%，整精米率 64.1%，垩白粒率 36%，垩白度 3.6%，透明度 1 级，碱消值 6.0 级，胶稠度 86 毫米，直链淀粉（干基）含量 17.4%，粒长 7.1 毫米，粒型（长宽比）3.0。抗性鉴定：抗稻瘟病，高感白叶枯病。

产量表现： 一般亩产 700~750 千克，栽培技术条件好的，最高可达 780 千克/亩。

栽培要点： 早稻种植，采用旱育秧或塑盘育秧。移栽：叶龄 4 叶，密度 1.7 万~1.8 万穴/亩，株行距（12~13）厘米×30 厘米，每穴栽 1~2 苗，基本苗 2 万~3.5 万/亩。薄水移栽，够苗晒田，干湿灌溉。每亩施纯氮 15 千克，纯磷 5 千克，纯钾 5 千克；基蘖氮肥：穗氮肥为 6∶4。病虫害防治：防治稻瘟病、白叶枯病、稻飞虱、稻纵卷叶螟等。

适宜区域： 适宜西双版纳州中海拔地区 1 100~1 200 米早、中稻种植。2018 年勐海县主导品种。

(三十九) 云优 948

品种来源： 云南省农业科学院粮食作物研究所、四川农业大学水稻研究所用 G2480A 与自育恢复系云 R948 杂交配组育成。滇审稻 2009004 号。

特征特性： 属籼型杂交水稻。全生育期 150~160 天，苗期长势旺，分蘖力强，熟期适中，株形好，亩有效穗 17 万穗，成穗率 62.8%，株高 110.4 厘米，穗长 24.0 厘米，穗总粒数 160 粒，结实率 80%，千粒重 29 克。米质检测：出糙率 82.3%，精米率 73.8%，整精米率 63.8%，垩白粒率 55%，垩白度 5.0%，直链淀粉含量 21.4%，胶稠度 54 毫米，粒长 6.5 毫米，长宽比 2.6，透明度

1 级，碱消值 5 级。稻瘟病抗性级别 1 级。

产量表现：一般亩产 700~730 千克，栽培技术条件好的，最高单产可达 760 千克/亩。

栽培要点：旱育秧，秧龄 30~35 天移栽。合理密植、扩行缩株，行距 30 厘米，株距 12~14 厘米，每亩插 1.6 万~1.8 万穴，每穴栽 2 苗，每亩基本苗 3 万苗以上。水分管理干湿交替，插秧后浅水护苗活棵管理，促进早生快发；分蘖期浅水勤灌，及时晒田，控制无效分蘖，孕穗期、抽穗扬花期保持浅水灌溉，灌浆结实期干湿交替，蜡熟期干干湿湿。深施基肥，氮肥后移，每亩纯氮 15 千克、纯磷 5 千克、纯钾 5 千克。基蘖氮肥：穗氮肥为 6∶4。病虫害防治：注意防治白叶枯病、稻瘟病、螟虫、稻飞虱等病虫害。

适宜区域：适宜西双版纳州中海拔 1 100~1 200 米地区早、中稻种植。2018 年勐海县主导品种。

（四十）宜优 403

品种来源：宜宾市农业科学院、重庆帮豪种业有限责任公司，用品种宜香 1A 与雅 mj403 组配而成。滇特（临沧）审稻 2011029 号。

特征特性：该品种属籼型杂交水稻。全生育期平均 130~140 天。每亩有效穗数 15 万~16 万穗，株高 113 厘米，穗长 24.5 厘米，每穗总粒数 140 粒，结实率 83%，千粒重 32 克。米质检测：出糙率 81.4%，精米率 70.3%，整精米率 52.0%，垩白粒率 26%，垩白度 4.2%，透明度 1 级，碱消值 6.5 级，胶稠度 70 毫米，直链淀粉含量 18.8%，粒长 7.2 毫米，长宽比 2.9。抗性鉴定：抗稻瘟病（3 级），感白叶枯病（7 级）。

产量表现：一般亩产 500~520 千克，栽培技术条件好的，最高可达 550 千克/亩。

栽培要点：育秧：适时播种，旱育秧，大田每亩用种量 1.5 千克。移栽：秧龄 25~30 天、叶龄 4~5 叶适时移栽，栽插规格 14 厘米×28 厘米，每穴栽插 2 苗，每亩基本苗 3 万~4 万苗。前期浅水，浅水促蘖，及时搁田，后期干干湿湿灌溉。重施底肥，早施追肥，氮、磷、钾肥配合施用。每亩施纯氮 14 千克，纯磷 5 千克，纯钾 5 千克；基蘖氮肥：穗氮肥为 7∶3。病虫防治：防治稻瘟病、螟虫、稻飞虱等病虫害。

适宜区域：适宜西双版纳州低海拔 500~800 米地区中、晚稻种植。2018 年景洪市主导品种，2018 年勐腊县主导品种。

二、常规水稻品种特征特性

（一）滇屯 502

品种来源：云南省个旧市种子管理站、云南省滇型杂交水稻所以滇侨 20 与毫皮选育的品种。

特征特性：籼型常规水稻。全生育期 150~170 天，株形集散适中，叶色淡绿。株高 110 厘米，穗长 28 厘米，穗总粒 124.6 粒，结实率 89%，千粒重 30 克。米质检测：出糙率 78.8%，精米率 71.4%，整精米率 47.4%，垩白粒率 7%，垩白度 1%，透明度 1 级，碱消值 7 级，胶稠度 65 毫米，直链淀粉含量 14.4.%，粒长 7.2 毫米，粒型（长宽比）3.4。抗性鉴定：抗病性好，抗稻瘟病、抗白叶枯病。

产量表现：一般亩产 450~500 千克，栽培技术条件好的，最高可达 620 千克/亩。

栽培要点：适时播种：早稻播种期 1 月 10 日至 2 月 20 日，移栽日期 2 月 25 日至 3 月 20 日，秧龄 30~45 天；中稻播种期 3 月 25 日至 4 月 5 日，移栽日期 4 月 20—30 日，秧龄 25~28 天。培育壮秧：育秧采用旱育秧，每亩（移栽大田）育秧面积 15 平方米，用 1 包壮秧剂（1.25 千克）作底肥，播种量 2 千克（干谷子），早稻育秧采用小拱棚保温保湿。移栽前 5 天喷施一次杀菌剂、杀虫剂，秧苗带药下田移栽。合理密植：移栽密度为株距 12～13 厘米，行距 27～28 厘米，1.9 万～2 万穴/亩，每穴栽 2 苗，基本苗 4 万苗以上。栽秧前 1 天浇水，铲秧带土 2 厘米，将秧苗运送到大田，带土拉绳浅植条栽。科学施肥：每亩施纯氮 13～14 千克、纯磷 6～7 千克、纯钾 5～7 千克，基蘖氮肥：穗氮肥为 7：3。基肥：每亩施复合肥 20 千克、过磷酸钙 20～40 千克，移栽前随耙田时施用。分蘖肥：每亩施尿素 10 千克，移栽后 7～10 天与除草剂一起施用。穗肥：每亩施复合肥 10 千克、尿素 5 千克。水浆管理：移栽时水层 1～2 厘米，移栽后水层 3～5 厘米，为秧苗早生快发创造条件，以浅水管理和干湿交替为主，分蘖期薄水分蘖，中期干干湿湿以湿为主，幼穗分化期要灌好养胎水，防止干旱受害增加颖花退化，保持水层 4～5 厘米有利于抽穗整齐，扬花灌浆期保持土壤湿润，需要干干湿湿，不能把田水放干晒田，防止早衰，影响粒重。病虫害防治：防治稻瘟病、稻飞虱、稻纵卷叶螟等病虫害，发现病虫害及时防治[5]。

适宜区域：适宜西双版纳州中海拔地区 1 100～1 200 米早、中稻种植。2000—2018 年勐海县主导品种。

（二）滇陇 201

品种来源：云南省陇川县农业科学研究所用毫木细做母本与 IR24 做父本选育的品种。滇籼 4 号。

特征特性：籼型优质稻，全生育期 150～170 天，株形紧凑，分蘖力中等，抗病抗倒，落粒性中，适应性强，属中熟、中秆、高产软米，株高 115 厘米，穗长 24 厘米，穗总粒 130 粒，结实率 82%，千粒重 29 克。米质检测：出糙率 79.8%，精米率 70%，整精米率 49.5%，垩白粒率 6.5%，垩白度 1%，透明度 1 级，碱消值 7 级，胶稠度 65 毫米，直链淀粉（干基）含量 12.6%，粒长 7.8 毫米，粒型（长宽比）3.8，蛋白质含量 7%。抗性鉴定：抗病性好，高抗稻瘟病，中抗白叶枯病。

产量表现：一般亩产 450～550 千克，栽培技术条件好的，最高可达 660 千克/亩。

栽培要点：采用小拱棚保温保湿旱育秧，将育秧地块土壤耙碎，1.2 米开墒，移栽大田 1 亩准备种子 2 千克，育秧面积 15 平方米，用壮秧剂 1.25 千克作底肥，壮秧剂锄进土壤里 3～5 厘米，平整墒面，浇洒足水，均匀撒种，用细红壤土盖种 1 厘米，种子不外露为宜。移栽：叶龄 4～4.5 叶，密度 1.9 万～2 万穴/亩，株行距 12 厘米×28 厘米，每穴栽 2～3 苗，基本苗 4 万～6 万/亩。浅水移栽，移栽后浅水管理和干湿交替为主，分蘖期薄水分蘖，每丛茎蘖数达到 10 苗时，控苗晒田，中期干干湿湿以湿为主，幼穗分化期灌好养胎水，扬花灌浆期保持土壤湿润，需要干干湿湿，灌浆结实期干湿交替，蜡熟期干干湿湿，不能把田水放干晒田，防止早衰，影响粒重。收割前 10 天放干水。每亩施纯氮 12～13 千克，纯磷 4～5 千克，纯钾 4～5 千克。基蘖氮肥：穗氮肥为 7：3。防治水稻叶瘟、稻飞虱、稻纵卷叶螟等病虫害。

适宜区域：适宜西双版纳州中低海拔地区 500～1 200 米早、中稻种植。2000—2018 年勐海县主导品种，2011—2018 年勐腊县主导品种。

（三）云粳 37

品种来源：云南省农业科学院粮食作物研究所云粳 26 号为母本、银光为父本杂交选育的品种。

特征特性：粳型优质稻，全生育期 180～190 天，株形紧凑，分蘖力中等，抗病抗倒，适应性强，属中熟、中秆软米，株高 90 厘米，穗长 19 厘米，穗总粒 120 粒，结实率 84%，千粒重 23.3 克。米质检测：出糙率 80%，精米率 67%，整精米率 64%，碱消值 7 级，胶稠度 100 毫米，直链淀粉含量 1.5%，粒长 5 毫米，粒型（长宽比）1.9，蛋白质含量 7%。抗性鉴定：抗病性好，高抗稻瘟病，中抗白叶枯病。

产量表现：一般亩产 450~500 千克，栽培技术条件好的，最高可达 580 千克/亩。

栽培要点：采用小拱棚保温保湿旱育秧，移栽大田 1 亩准备种子 2 千克，育秧面积 15 平方米，用壮秧剂 1.25 千克作底肥。浅水移栽，移栽后浅水管理和干湿交替为主，分蘖期薄水分蘖，控苗晒田，中期干干湿湿以湿为主，幼穗分化期要灌好养胎水，扬花灌浆期保持土壤湿润，干干湿湿，干湿交替。密度 2 万~2.3 万穴/亩，株行距（12~13）厘米×（24~25）厘米，每穴栽 2~3 苗，基本苗 4 万~6 万/亩。重施基肥，早施追肥，每亩施纯氮 10~11 千克、纯磷 5~6 千克、纯钾 5~6 千克。基蘖氮肥：穗氮肥为 8：2。防治水稻叶瘟、白叶枯病、稻飞虱等病虫害。

适宜区域：适宜西双版纳州中海拔地区 1 100~1 200 米早稻种植。2014—2018 年勐海县主导品种。

（四）版纳糯 18

品种来源：西双版纳州农业科学研究所以西双版纳州水稻育种协作组保留的抗性好的"滇引313 号"为母本，大粒型糯稻品种"勐腊糯"为父本配制组合。滇特（版纳）审稻 2014002 号。

特征特性：该品种属籼型优质稻，全生育期 135~155 天，属中熟品种。叶色、叶鞘、叶耳、叶枕均为绿色，叶舌白色、二裂，花药颜色黄色，颖壳颜色黄色，颖尖色为秆黄色，种皮颜色为秆黄色。株高 118.6 厘米，剑叶长 31.2 厘米，宽 1.9 厘米，穗长 27.3 厘米，穗总粒数 137.8 粒，实粒数 100.5 粒，结实率 72.9%，千粒重 32.7 克，分蘖能力中等，成熟后期株形较散。米质检测：糙米率 80.3%，精米率 69.4%，整精米率 60.6%，粒长 7.3 毫米，长宽比 2.8，碱消值 5.0 级，胶稠度 100 毫米，直链淀粉含量 1.2%，水分含量 10.9%。稻米各项品质均达到国家优质稻谷标准优级。该品种抗纹枯病、白叶枯病、中抗穗颈瘟，综合抗性较好，抗稻瘟病 7 级、白叶枯病 5 级、褐飞虱 9 级。

产量表现：一般亩产 450~500 千克，栽培技术条件好的，最高可达 570 千克/亩。

栽培要点：育秧采取湿润育秧、旱育秧、塑盘育秧等，每亩（移栽大田）育秧面积 10~15 平方米，用 1 包壮秧剂（1.25 千克）作底肥，播种量 2 千克（干谷子），移栽秧龄为 30~45 天。移栽密度：株距 13 厘米、行距 26 厘米，每亩 2 万穴左右，每穴栽 2 苗，基本苗 4 万苗左右。前期薄水分蘖，以浅水管理和干湿交替为主，到设计茎蘖数时，就要控制无效分蘖。施肥要求重施基肥，早施促蘖肥，巧施穗粒肥，增施有机肥、钾肥。基肥每亩施过磷酸钙 30 千克、复合肥 20 千克；分蘖肥每亩施尿素 10 千克、复合肥 10 千克；幼穗分化期视苗情酌情每亩追施尿素 5 千克、硫酸钾 5 千克攻大穗；抽穗期喷施磷酸二氢钾等叶面肥 1 次，以提高结实率，增加千粒重。水稻病虫害的防治，注重防治稻飞虱、稻瘟病、白叶枯病、纹枯病等病虫害。

适宜区域：适宜西双版纳州中低海拔地区 500~1 200 米早、中稻种植。2014—2016 年景洪市主导品种，2014—2018 年勐海县主导品种。

第三章　水稻主导品种栽培技术

一、品种选择

选择种子质量符合 GB/T 4404.1 规定的优质高产杂交稻种子和优质常规稻种子；每亩杂交稻用种量 1.5 千克，常规稻用种量 2 千克。

二、播种时期

早稻播种期 1 月 10 日至 2 月 20 日，移栽日期 2 月 25 日至 3 月 20 日，秧龄 30~45 天，收割日期 6 月 30 日至 7 月 20 日，全生育期 170~175 天；中稻播种期 3 月 25 日至 4 月 15 日，移栽日期 4 月 20 日至 5 月 10 日，秧龄 25~30 天，收割日期 8 月 25 日至 9 月 10 日，全生育期 145~150 天；晚稻播种期 6 月 5—25 日，移栽日期 7 月 1—20 日，秧龄 25 天，收割日期 10 月 30 日至 11 月 20 日，全生育期 145~155 天。

三、浸种催芽

浸种前 1 天晾晒种子，早稻晒种 3~5 小时，中晚稻晒种 2~3 小时；清水浸种，用强氯精或施保克进行浸种消毒，早稻浸种时间为 48 小时，中稻浸种时间为 36 小时，浸种消毒 12 小时后捞取洗干净种子，再用清水浸种；早稻催芽用湿润麻袋或布袋将吸足水分的种子包裹好，放入箩筐内保温保湿进行催芽，中晚稻催芽放入箩筐内保湿催芽，催芽时间 24 小时；种子破肚露白即可播种。

四、育秧技术

（一）旱育秧

选择土质肥沃、土层深厚、疏松透气、背风向阳、地势平坦、管理方便、水源条件好的酸性旱地壤质土壤和菜园土或稻田土作苗床。将育秧地块土壤耙碎，1.2 米开墒，厢沟走道宽 30 厘米，厢面高 10 厘米，每亩育秧面积 15 平方米，用壮秧剂 1.25 千克作底肥，壮秧剂锄进土壤里 3~5 厘米，平整墒面，浇洒足水或灌水（稻田土可以播种后灌水），均匀撒种，用细红壤土盖种 1 厘米，种子不外露为宜。早稻育秧采用小拱棚保温保湿，小秧开始长出土面以后要加强管理，防止烧苗，小秧傍晚叶片卷曲，土壤发白，早上秧叶上无露清水时浇透（灌透）一次水。用敌克松防治立枯病、用富士一号防治稻瘟病，移栽前 5 天喷施一次杀菌剂、杀虫剂，秧苗带药下田移栽[10]。

（二）工厂化育秧

（1）营养土准备。准备规格为 580 毫米×280 毫米×28 毫米育秧硬盘 20~25 盘/亩；经过粉碎过筛的红壤土，使用红壤土 1 000 千克、壮秧剂 2.5 千克加经过粉碎的 45%复合肥（秧龄 30 天以内用 1.5 千克，30~45 天的用 1.75 千克），进行拌土混匀即可，其盖种土均为红壤土，基本能满足秧苗生长所需的营养。

（2）机械播种。采用播种机械流水线硬盘育秧和叠盘暗化出苗技术。调试播种流水线，调节设备，杂交水稻最佳播种量为干谷 70 克/盘，常规水稻最佳播种量为干谷 90 克/盘。育秧作业流程：摆送育秧硬盘→营养土装盘→均匀喷水（调节至湿）→落谷（调节至适宜播量）→盖种（用过筛细土盖籽至不露籽）→叠盘→堆放（以 40~50 盘为一堆，最上层覆盖一张空硬盘遮光，大棚内（暗化催芽室）堆放时间 2~3 天暗化催芽，芽鞘长到 8 毫米为宜）→移至硬地和秧床或秧田整齐摆放。

（3）秧苗管理。出苗 1~2 天后，棚内温度保持 25℃左右；秧苗生长期温度保持 30℃左右，相对湿度 80%左右。注重秧苗水分管理，秧苗的盘土是否过干发白，秧苗早晚叶尖吐水珠变小或午间新叶卷曲，要在早晨适量喷水或灌水。秧苗期主要防治立枯病和潜叶蝇的为害，移栽前 5 天喷施杀菌剂 30%恶霉灵 1 000 倍液和杀虫剂 50%敌敌畏乳油 800 倍液，带药下田。

五、栽插技术

（一）手工插秧

做到一犁三耙，耙平田面，达到土层深厚，全层肥沃，田面平整，保证对养分的供给，适应旱育秧早发、快发的特点。基肥撒施后再翻耙一次，把肥料耙入土层，整平沉淀一昼夜再栽秧。移栽密度常规稻为 30 厘米×12 厘米，杂交稻为 30 厘米×（12~14）厘米，常规稻插 2 苗/穴、杂交籼稻 1 苗/穴、粳稻 2~3 苗/穴。起秧的头天傍晚浇一次水，插秧前 1~2 小时开始起秧，用铁铲带土 2~3 厘米厚，一片片地将秧铲起，运到大田，带土移栽，栽培方式为条栽浅植。移栽时实行规范化条栽，按照密度沿绳栽插，特别要注意浅植，因为带土移栽，以秧苗植稳为准，深 2 厘米左右，不能用力往下压，且不能深插，浅植才能保证早生快发，这是旱育秧移栽的关键所在。

（二）机械化插秧

认真犁耙，耙碎土块，达到土体深厚，全层肥沃，田面平整，结合大田耕耙最后一次施入基肥，把肥料耙入土层，经过大型旋耕机犁耙整平后，让土壤泥浆沉淀 2~3 天后再进行水稻机械化栽插，保证适宜的栽插深度，使秧苗正常分蘖；选用洋马高速插秧机插秧，用取秧板将秧苗放入秧厢，秧块要紧贴秧厢，两片秧块接头处要对齐，不留间隙，必要时秧块与秧厢间洒水润滑，使秧块下滑顺畅。机插密度常规稻为 30 厘米×12 厘米，杂交稻为 30 厘米×14 厘米，常规稻插 3 苗/穴、杂交籼稻 2.5 苗/穴、粳稻 4~5 苗/穴。薄水浅插，插匀插稳，水层为 1 厘米左右，插秧深度为 1~2 厘米，把漏插率控制在 5%以下。使机插水稻构成合理的群体结构，促进有效穗与穗实粒的形成，提高产量。

六、科学施肥

杂交稻每亩施用纯氮 15 千克（基：蘖：穗为 4：3：3），纯磷 6 千克，纯钾 6 千克；做到氮磷钾配套，平衡施肥。其中基肥：45%复合肥（15：15：15）20 千克、12%过磷酸钙 25 千克，46%尿素 6 千克，深施基肥，移栽前随最后耙田整平田时全部施用；分蘖肥：46%尿素 10 千克，分蘖肥于移栽后 7 天与除草剂一起施用；穗肥：46%尿素 10 千克，50%钾肥 6 千克，于幼穗分化期（倒 3~4 叶露尖）施用。常规稻每亩施用纯氮 12 千克（基：蘖：穗为 4：4：2），纯磷 6 千克，纯钾 6 千克；做到氮磷钾配套，平衡施肥。基肥：45%复合肥（15：15：15）20 千克，12%过磷酸钙 25 千克，46%尿素 5 千克。深施基肥，移栽前随最后整平田时全部施用。分蘖肥：46.3%尿素 10 千克，分蘖肥于移栽后 7 天与除草剂一起施用。穗肥：46.3%尿素 5 千克，50%钾肥 6 千克，于幼穗分化期（倒 3~4 叶露尖）施用。具体看苗色定轻重，使前氮后移，增加氮肥利用率，获得高产，达到减氮增效的效果。始穗期喷一次叶面肥磷酸二氢钾，促花增粒，降低水稻空秕率，增加粒重[15-16]。

七、水浆管理

移栽后，主要是要为早生快发创造条件，以浅水管理和干湿交替为主，前期薄水分蘖，保持良好的通风透气，以田块不开裂为准。主要是掌握够蘖控水，移栽后达到设计茎蘖数 80%穗数苗时，就要控制无效分蘖，开始排水晒田开裂再灌水。中期干干湿湿以湿为主，幼穗分化阶段要灌好养胎水，防止干旱受害增加颖花退化，要保持 3~4 厘米水层，有利抽穗整齐，扬花灌浆阶段可以干花湿籽，保持土壤湿润，需要干干湿湿，切不能把田水放干晒田，防止早衰，影响粒重。利用后期高光合效率的特性，强化增穗优势，促进颖花分化，减少颖花退化，以达到减少小穗、增加大穗、提高结实率、提高千粒重，实现高产。

八、病虫害防治

水稻病虫害防治提倡"绿色植保"，坚持"以防为主，综合防治"的原则，做好稻飞虱、螟虫、纹枯病、稻瘟病、白叶枯病的防治，做到发现病虫害及时防治。秧苗期移栽前 5 天，喷施杀菌剂和杀虫剂，带药下田。分蘖期每亩喷施杀菌剂 30%稻瘟灵乳油 100 毫升、杀虫剂 25%噻嗪酮可湿性粉剂 25 克，防治稻叶瘟和稻飞虱。分蘖盛期每亩喷施杀菌剂 40%富士一号乳油 100 毫升、20%吡虫·三唑磷乳油 100 毫升，防治稻叶瘟、稻飞虱。孕穗期每亩喷施杀菌剂 75%三环唑粉剂 20 克、杀菌剂 25%叶枯宁可湿性粉剂 100 克、杀虫剂 40%辛硫磷乳油 100 毫升，防治水稻病虫害。始穗期每亩喷施杀菌剂 75%三环唑粉剂 20 克、40%辛硫磷乳油 100 毫升、70%吡虫啉散粒剂 4 克，防治水稻穗瘟、稻飞虱、三化螟等病虫害。

九、适时收获

水稻黄熟后，籽粒成熟度达 90%以上时，选晴天机械化收割，人工晾晒或机械烘干。

第四章 水稻主导品种栽培技术模式图

一、早稻主导品种栽培技术模式图[1]

（一）景洪市早稻区主导品种栽培技术模式图

1. 两优2186早稻手插高产栽培技术模式图

月份	1月上	1月中	1月下	2月上	2月中	2月下	3月上	3月中	3月下	4月上	4月中	4月下	5月上	5月中	5月下	6月上	6月中	6月下	7月上	7月中	7月下
节气	小寒		大寒	立春	雨水		惊蛰		春分	清明		谷雨	立夏		小满	芒种		夏至	小暑		大暑
产量构成	全生育期160~165天，有效穗17万~19万穗/亩，每穗粒数135~140粒，结实率85%，千粒重30克。目标产量580~700千克/亩。																				
生育时期	播种期12月10—15日，秧田期35~40天，移栽期1月14—20日，有效分蘖期2月15—20日，幼穗分化始期3月25—30日，孕穗期4月1—25日，齐穗期4月30日—5月5日，成熟期5月25—30日。																				
主茎叶龄期	0	1	2	3	4	5	6	7	8	9	10	11	12	13	14	15	16				

（续表）

月份	1月上	1月中	1月下	2月上	2月中	2月下	3月上	3月中	3月下	4月上	4月中	4月下	5月上	5月中	5月下	6月上	6月中	6月下	7月上	7月中	7月下
茎蘖动态	移栽叶龄4~5叶，移栽穴数1.78万穴/亩，移栽穴数17万~19万穗/亩。茎蘖苗2万~3万苗/亩，拔节期茎蘖数25万~28万苗/亩，抽穗期茎蘖数22万~24万苗/亩，成熟期有效穗数17万~19万穗/亩。																				
育秧	育秧采用旱秧，每亩（移栽大田）育秧面积10~15平方米，用45%三元复合肥1.5千克，12%普钙3千克作底肥，播种量2千克（以露白芽谷计），带蘖1~1.5个。																				
栽插	密度：1.78万穴/亩，规格：株行距15厘米×25厘米，每穴栽1~2苗，基本苗2万~3万苗/亩。																				
施肥	苗肥：移栽前7天看苗施"送嫁肥"，用46%尿素1%浓度进行浇施。			基肥：每亩施30%水稻复合肥（15:7:8）40千克，10%钙镁磷肥25千克，随耙田施用。			分蘖肥：每亩施46%尿素8千克，移栽后7~10天与除草剂施用。						穗肥：每亩施复合肥15千克，46%尿素10千克，在幼穗分化期施用。			说明：每亩施纯氮15~16千克，纯磷6千克，纯钾4~4.5千克。基蘖肥：穗氮肥为6:4。					
灌溉	薄水移栽，寸水返青，浅水分蘖，每丛达12~13苗时晒田，控制无效分蘖；中期干干湿湿，以湿为主，幼穗分化阶段保好养胎水，扬花灌浆阶段保持土壤湿润。																				
病虫害防治			浸种确保一天换一次以上的水，一般不做浸种消毒。	秧苗移栽前5天，喷施杀菌剂和杀虫剂，带药下田。			分蘖期每亩喷施一号富土40%乳油100毫升，70%吡虫啉散粒剂4克，防治水稻病虫害。			分蘖盛期每亩喷施一号富土40%乳油100毫升，70%吡虫啉散粒剂4克，防治稻叶瘟，稻飞虱。			孕穗期每亩喷施杀菌剂75%三环唑粉剂20克，杀菌剂25%叶枯宁可湿性粉剂100克，40%辛硫磷乳油100毫升，防治水稻虫害。			始穗期每亩喷施杀菌剂75%三环唑粉剂20克，25%叶枯宁可湿性粉剂100克，48%毒死蜱乳油100毫升或72%丙溴磷50~60毫升防治水稻病虫害。					

2. 宜香1979早稻手插高产栽培技术模式图

月份	1月			2月			3月			4月			5月			6月			7月		
	上	中	下	上	中	下	上	中	下	上	中	下	上	中	下	上	中	下	上	中	下
节气	小寒		大寒	立春		雨水	惊蛰		春分	清明		谷雨	立夏		小满	芒种		夏至	小暑		大暑

产量构成	全生育期160~165天，有效穗17万~19万穗/亩，每穗粒数140~150粒，结实率85%，千粒重28克，目标产量560~670千克/亩。
生育时期	播种期12月10—15日，秧田期35~40天，移栽期4月30日—5月5日，成熟期5月25—30日。播种期1月14—20日，移栽期2月15~20日，幼穗分化始期3月25~30日，孕穗期4月1—25日，齐穗期4月1日。
主茎叶龄期	0　1　2　3　4　5　6　7　8　9　10　11　12　13　14　15　16
茎蘖动态	移栽叶龄4~5叶，移栽穴数1.78万穴/亩，有效穗数17万~19万穗/亩。茎蘖苗2万~3万苗/亩，茎蘖苗2万~3万苗/亩，拔节期茎蘖数25万~28万苗/亩，抽穗期茎蘖数22万~24万苗/亩，成熟期。
育秧	育秧采用旱育秧，每亩育秧，平均带蘖1~1.5个。育秧面积10~15平方米（移栽大田）育秧面积10~15平方米，用12%普钙5千克作底肥，播种量2千克，（以露白芽合计），移栽叶龄4.5~5叶。
栽插	密度：1.78万穴/亩，规格：株行距15厘米×25厘米，每穴栽1~2苗，基本苗2万~3万苗/亩。
施肥	苗肥：移栽前7天看苗施"送嫁肥"，秧田亩用46%尿素5千克对水浇施。基肥：复合肥30%水稻复合肥40千克，10%钙镁磷肥25千克，移栽前随耙田时施用，止肥料流失。分蘖肥：每亩施46%尿素8千克，移栽后7~10天与除草剂一起施用。穗肥：每亩施45%复合肥15千克，46%尿素10千克，在幼穗分化期施用，关好水防止流失。说明：每亩施纯氮15~16千克，纯磷6千克，纯钾4~4.5千克。基肥：穗氮肥为6:4。
灌溉	浸种催保一天换一次水以上的水。薄水移栽，寸水返青，浅水分蘖，扬花灌浆阶段保持土壤湿润，够苗晒田，收获前10天断水晒田。每丛达12~13苗时晒田，控制无效分蘖。中剪干湿湿，以湿为主，幼穗分化阶段要养好胎水。
病虫害防治	浸种晒保一天换一次以上的水。秧苗移栽前5天，喷施杀菌剂和杀虫剂带药下田。分蘖期每亩喷施杀菌剂40%富士一号乳油100毫升，杀虫剂4%70%吡虫啉散粒剂4克，防治稻叶瘟和稻秆潜蝇、稻飞虱。分蘖盛期每亩喷施杀菌剂40%富士一号乳油100毫升，杀虫剂4%吡虫啉散粒剂70%吡虫啉散粒剂4克，防治稻叶瘟、稻飞虱。孕穗期每亩喷施杀菌剂75%三环唑粉剂20克，杀菌剂25%叶枯宁可湿性粉剂100克，杀虫剂40%辛硫磷乳油100毫升，防治水稻病虫害。始穗期每亩喷施杀菌剂75%三环唑粉剂20克，25%叶枯宁可湿性粉剂100克，48%毒死蜱乳油100毫升或72%丙溴磷50~60毫升，防治稻穗颈瘟、细条病、稻纵卷叶螟等水稻病虫害。

3. 宜优1988 早稻机插高产栽培技术模式图

月份	1月			2月			3月			4月			5月			6月			7月		
	上	中	下	上	中	下	上	中	下	上	中	下	上	中	下	上	中	下	上	中	下
节气	小寒		大寒	立春		雨水	惊蛰		春分	清明		谷雨	立夏		小满	芒种		夏至	小暑		大暑
产量构成	全生育期160~165天，有效穗16万~18万穗/亩，每穗粒数145~150粒，结实率87%，千粒重30克。目标产量600~700千克/亩。																				
生育时期	播种期12月10~15日，秧田期35~40天，移栽期1月14~20日，有效分蘖期2月15~20日，幼穗分化始期3月25~30日，孕穗期4月1—25日，齐穗期4月30日—5月5日，成熟期5月25~30日。																				
主茎叶龄期	0 1 2 3		4	5	6	7	8	9	10 11 12 13	14	15	16									
茎蘖动态	移栽叶龄4~5叶，苗高控制在15~20厘米以内，移栽穴数1.7万穴/亩，基本苗5万~6万苗/亩，拔节期茎蘖数22万~25万苗/亩，抽穗期茎蘖数20万~22万苗/亩，成熟期有效穗数16万~18万穗/亩。																				
育秧	育秧采用塑料软盘或者硬盘旱育秧，每亩（移栽大田）用育秧盘20~22个，用45%三元素复合肥2.5千克与育秧土混合作底肥，播种量2.5千克（以露白芽谷计），80~100克旱育保姆溶水10千克淋秧育矮壮秧苗。																				
栽插	密度：1.7万穴/亩以上，规格：株行距13厘米×30厘米，每穴栽3~4苗，基本苗5万~6万苗/亩。																				
施肥	苗肥：移栽前7天看苗施"送嫁肥"，用46%尿素1%~2%浓度进行浇施。 基肥：移栽前7天每亩施复合肥20~30千克，14%过磷酸钙20~40千克，移栽前随随耙田时施用，关好水防止肥料流失。 分蘖肥：每亩施46%尿素10千克，移栽后7~10天与除草剂一起施用，药剂防水防止肥料流失，控草是关键。 穗肥：每亩施复合肥10千克，尿素10~15千克，幼穗分化期施用，关好水防止肥料流失。 说明：每亩施纯氮14~16千克，纯磷6~8千克，纯钾5~6千克，基：蘖：穗氮肥为6:4。																				
灌溉	薄水移栽防漂秧，湿润分蘖，够苗晒田，湿润灌浆，保持土壤湿润，花灌浆阶段可以干花湿籽，收获前10天断水。 中期干湿湿，以湿为主，控制无效分蘖，幼穗分化阶段要灌好养胎水，扬花灌浆期要灌好养胎水，扬																				
病虫害防治	浸种确保一天换一次以上的水。 秧苗期移栽前5天，每亩用40%富士一号乳油100毫升，70%吡虫啉散粒剂4克散施，带药下田。 分蘖期每亩喷施杀菌剂40%富士一号乳油100毫升，杀虫剂70%吡虫啉散粒剂4克或48%毒死蜱乳油75毫升，防治稻叶瘟和稻秆潜蝇、稻飞虱。 分蘖盛期每亩喷施杀菌剂40%富士一号乳油100毫升，杀虫剂70%吡虫啉散粒剂4克，防治稻叶瘟、稻飞虱。 孕穗期每亩喷施杀菌剂75%三环唑粉剂20克，杀菌剂25%叶枯宁可湿性粉剂100克，杀虫剂40%辛硫磷乳油100毫升，防治稻瘟病、稻飞虱。 始穗期每亩喷施杀菌剂75%三环唑粉剂20克，25%叶枯宁可湿性粉剂20克，48%毒死蜱乳油100毫升或72%丙溴磷乳油50~60毫升防治水稻病虫害等。																				

4. 宜香10号早稻手插高产栽培技术模式图

项目	1月上	1月中	1月下	2月上	2月中	2月下	3月上	3月中	3月下	4月上	4月中	4月下	5月上	5月中	5月下	6月上	6月中	6月下	7月上	7月中	7月下
月份	1月			2月			3月			4月			5月			6月			7月		
节气	小寒		大寒	立春		雨水	惊蛰		春分	清明		谷雨	立夏		小满	芒种		夏至	小暑		大暑
产量构成	全生育期160~165天，有效穗16万~18万穗/亩，每穗粒数145~150粒，结实率87%，千粒重30克，目标产量600~700千克/亩。																				
生育时期	播种期12月20~30日，移栽期1月20~25日，有效分蘖期2月20~30日，幼穗分化始期3月20~30日，孕穗期4月15~25日，齐穗期4月30日~5月15日，成熟期5月30日~6月10日。																				
主茎叶龄期	0	1		2	3	4	5	6	7	8	9	10	11	12	13	14	15	16			
茎蘖动态	移栽叶龄4~5叶，移栽穴数2万穴/亩，16万~18万穗/亩。基本苗4万苗/亩，移栽后茎蘖数22万~25万苗/亩，拔节期茎蘖数20万~22万苗/亩，抽穗期茎蘖数20万~22万苗/亩，成熟期有效穗数。																				
育秧	育秧采用旱育秧，每亩（移栽大田）育秧面积10~15平方米，用12%普钙5千克作底肥，播种量2千克（以露白芽合计），带叶移栽。																				
栽插	密度：栽插规格（12~13）厘米×26厘米，2万穴/亩，每穴栽插2苗，每亩基本苗4万苗以上。																				
施肥	苗肥：移栽前7天看苗施"送嫁肥"，用46%尿素1%~2%浓度进行浇施。基肥：移栽前7天每亩施肥20千克，12%过磷酸钙20千克，富士一号乳油100毫升，移栽前随耙田时施用，关好水防止肥料流失。分蘖肥：每亩施40%复合肥20千克，移栽后7~10天与除草剂一起施用，关好水防止肥料流失，药剂拌肥料，控草是关键。穗肥：每亩施40%复合肥10千克，46%尿素10千克，幼穗分化期施用，关好水防止肥料流失。说明：每亩施纯氮11~12千克，纯磷5千克，纯钾4千克，基蘖氮肥：穗氮肥为7∶3。																				
灌溉	水浆管理做到前期浅水，浅水促蘖，湿润灌溉，够苗晒田，中期轻搁，后期干湿灌溉。																				
病虫害防治	浸种确保一天换一次以上的水。秧苗期移栽前5天，每亩用40%富士一号乳油100毫升，70%吡虫啉散粒剂4克喷施，防治稻叶瘟、稻飞虱。分蘖期每亩喷施杀菌剂40%富士一号乳油100毫升，70%吡虫啉散粒剂4克，防治稻叶瘟、稻飞虱。分蘖盛期每亩喷施杀菌剂40%富士一号乳油100毫升，杀虫剂70%吡虫啉散粒剂4克，防治稻叶瘟、稻飞虱。孕穗期每亩喷施杀菌剂75%三环唑粉剂20克，杀菌剂25%叶枯宁可湿性粉剂100克，杀虫剂40%辛硫磷乳油100毫升，防治水稻病虫害。始穗期每亩喷施杀菌剂75%三环唑粉剂20克，25%叶枯宁可湿性粉剂100克，48%毒死蜱乳油100毫升防治水稻病虫害。																				

5. 渝香203早稻手插高产栽培技术模式图

月份	1月			2月			3月			4月			5月			6月			7月		
	上	中	下	上	中	下	上	中	下	上	中	下	上	中	下	上	中	下	上	中	下
节气	小寒		大寒	立春		雨水	惊蛰		春分	清明		谷雨	立夏		小满	芒种		夏至	小暑		大暑

产量构成： 全生育期160~165天，有效穗16万~18万穗/亩，每穗粒数145~150粒，结实率87%，千粒重30克。目标产量600~700千克/亩。

生育时期： 播种期12月20-30日，秧田期35~40天，移栽期1月20—25日，有效分蘖期2月20-30日，幼穗分化始期3月20—30日，孕穗期4月15—25日，齐穗期4月30—5月15日，成熟期5月30日—6月10日。

主茎叶龄期： 0 1 2 3 4 5 6 7 8 9 10 11 12 13 14 15 16

茎蘖动态： 移栽叶龄4~5叶，移栽穴数2万穴/亩，基本苗4万苗/亩，拔节期茎蘖数22万~25万苗/亩，抽穗期茎蘖数20万~22万苗/亩，成熟期有效穗数16万~18万穗/亩。

育秧： 育秧采用旱育秧，每亩（移栽大田）育秧面积10~15平方米，用12%普钙5千克作底肥，播种量2千克（以露白芽谷计），带叶移栽。

栽插： 密度：栽插规格（12~13）厘米×26厘米，2万穴/亩，每穴栽插2苗，每亩基本苗4万苗以上。

施肥： 苗肥：移栽前7天看苗施"送嫁肥"，用46%尿素1%~2%浓度进行浇施。基肥：移栽前施肥20千克，12%过磷酸钙20千克，移栽前随耙田时施用，关好水防止肥料流失。分蘖肥：每亩施40%复合素10千克，移栽后7~10天与除草剂一起施用，关好水防止肥料流失，药剂防流失，控草是关键。穗肥：每亩施40%复合肥10千克，46%尿素10千克，幼穗分化期施用，关好水防止肥料流失。说明：每亩施纯氮11~12千克，纯磷5千克，纯钾4千克，基蘖氮肥：穗氮肥为7：3。

灌溉： 水浆管理做到前期浅水、浅水促蘖、湿润灌溉、够苗晒田、中期轻搁、后期干干湿湿灌溉。

病虫害防治： 浸种确保一天换一次以上的水。秧苗期移栽前5天，每亩用40%富士一号乳油100毫升，杀虫素70%吡虫啉散粒剂4克喷施，带药下田。分蘖期每亩喷施杀菌剂40%富士一号乳油100毫升，杀虫素70%吡虫啉散粒剂4克，防治稻叶瘟、稻飞虱。分蘖盛期每亩喷施杀菌剂40%富士一号乳油100毫升，杀虫素70%吡虫啉散粒剂4克，防治稻叶瘟、稻飞虱。孕穗期每亩喷施杀菌剂75%三环唑粉剂20克，叶枯宁可湿性粉剂25克，杀虫双40%乳油100毫升，辛硫磷乳油4克，防治稻瘟病、稻飞虱。始穗期每亩喷施杀菌剂75%三环唑粉剂20克，25%叶枯宁可湿性粉剂100克，48%毒死蜱乳油100毫升，防治水稻病虫害。

（二）勐海县早稻区主导品种栽培技术模式图

1. 两优2186早稻手插高产栽培技术模式图

月份	1月			2月			3月			4月			5月			6月			7月		
	上	中	下	上	中	下	上	中	下	上	中	下	上	中	下	上	中	下	上	中	下
节气	小寒		大寒	立春		雨水	惊蛰		春分	清明		谷雨	立夏		小满	芒种		夏至	小暑		大暑
主茎叶龄期		0	1	2	3	4	5	6	7	8	9	10	11	12	13	14	15	16			

产量构成： 全生育期175~185天，有效穗21万~22万穗/亩，每穗粒数150~160粒，结实率85%~87%，千粒重30克。目标产量800~900千克/亩。

生育时期： 播种期1月10日—2月20日，秧田期30~45天，移栽期2月25日—3月20日，有效分蘖期4月15~25日，幼穗分化始期4月25日—5月5日，孕穗期5月10~25日，齐穗期6月5~20日，成熟期7月5~25日。

茎蘖动态： 移栽叶龄4~5叶，移栽茎蘖苗2万~3万苗/亩，拔节期茎蘖数32万~33苗万/亩，抽穗期茎蘖数25万~26万苗/亩，成熟期穗数21万~22万穗/亩。

育秧： 育秧（移栽大田）每亩，育秧面积15平方米，用1包壮秧剂（1.25千克）作底肥，播种量1.5千克（干谷子），秧苗带蘖。

栽插： 密度1.7万~1.85万穴/亩，规格：株行距（12~14）厘米×（28~30）厘米，每穴栽1~2苗，基本苗2万~3万/亩。

施肥：
- 苗肥：移栽前7天看苗施"送嫁肥"，用46%尿素1%~2%浓度进行诜施。
- 基肥：每亩施复合肥20~30千克，14%过磷酸钙20~40千克，随耙田时施用。
- 分蘖肥：每亩施46%尿素10千克，移栽后7~10天与除草剂一起施用。
- 穗肥：每亩施复合肥10千克，46%尿素10~15千克。幼穗分化期施用。
- 说明：每亩施纯氮14~16千克，纯磷6~8千克，纯钾5~6千克。基穗肥：穗氮肥为6:4。

灌溉： 薄水移栽，苗期薄水返青，湿润分蘖，够苗晒田，每丛达12~13苗时晒田，控制无效分蘖，中期干干湿湿，以湿为主，幼穗分化阶段要灌好养胎水，扬花灌浆阶段可以干花湿润，保持土壤湿润，收获前10天断水。

病虫害防治：
- 用强氯精浸种消毒。
- 秧苗期移栽前5天，喷施杀菌剂和杀虫剂，带药下田。
- 分蘖期每亩喷施杀菌剂40%富士一号乳油100毫升，杀虫剂70%吡虫啉散粒剂4克，防治稻叶瘟、稻飞虱。
- 分蘖盛期每亩喷施杀菌剂40%富士一号乳油100毫升，杀虫剂70%吡虫啉散粒剂4克，防治稻叶瘟、稻飞虱。
- 孕穗期每亩喷施杀菌剂75%三环唑粉剂20克，杀菌剂25%叶枯宁可湿性粉剂100克，杀虫剂40%辛硫磷乳油100毫升，防治水稻病虫害。
- 始穗期每亩喷施杀菌剂75%三环唑粉剂20克，48%毒死蜱乳油100毫升防治水稻病虫害。

2. 赣优明占早稻手插高产栽培技术模式图

月份	1月			2月			3月			4月			5月			6月			7月		
	上	中	下	上	中	下	上	中	下	上	中	下	上	中	下	上	中	下	上	中	下
节气	小寒		大寒	立春		雨水	惊蛰		春分	清明		谷雨	立夏		小满	芒种		夏至	小暑		大暑
主茎叶龄期	0	1		2	3	4	5	6	7	8	9	10	11	12	13	14	15	16	17		

产量构成： 全生育期185天，有效穗22万穗，每穗粒数150粒，结实率95%，千粒重30克，目标产量900千克/亩。

生育时期： 播种期1月10日，秧田期40~45天，移栽期2月25日，有效分蘖期4月5日，孕穗分化期4月20日，始穗期5月25日，齐穗期5月30日，成熟期7月15日。

茎蘖动态： 移栽叶龄4.5叶，移栽茎蘖苗2.8万苗，拔节期茎蘖数28万苗/亩，抽穗期茎蘖数24万苗/亩，成熟期穗数22万穗/亩。

育秧： 育秧采用旱育秧，每亩（移栽大田）育秧面积13平方米，用1包壮秧剂（1.25千克）作底肥，播种量1.5千克（干谷子）。

栽插： 密度1.85万穴/亩，规格：株行距12厘米×30厘米，每穴栽1~2苗，基本苗2.8万苗/亩。

施肥：
- 基肥：每亩施34%复合肥（16:9:9）20~30千克，46%尿素5千克，12%磷肥20千克，50%硫酸钾5千克，移栽前随耙田施用。
- 苗肥：移栽前7天看苗施"送嫁肥"，用46%尿素1%~2%浓度进行浇施。
- 分蘖肥：每亩施46%尿素13千克，移栽后10~12天施用。
- 穗肥：每亩施46%尿素12千克，50%硫酸钾5千克，幼穗分化期施用。
- 说明：每亩施纯氮17~18千克，纯磷5~6千克，纯钾7~8千克。基蘖肥：穗肥为7:3。

灌溉：
- 返青活棵期：浅水灌溉3厘米，干湿灌溉（以干为主）。熟期：干湿灌溉。
- 返青活棵期：干湿灌溉；活棵至80%够苗叶龄期：干湿灌溉；80%够苗叶龄期至拔节期：撤水晒田；拔节至抽穗期：干湿灌溉；抽穗至成熟期：干湿灌溉。

病虫害防治：
- 用强氯精浸种消毒。
- 秧苗期移栽前5天，喷施杀菌剂和杀虫剂，带药下田。
- 分蘖期每亩喷施杀菌剂40%富士一号乳油100毫升，杀虫剂70%吡虫啉散粒剂4克，防治稻瘟、稻飞虱。
- 分蘖盛期每亩喷施杀菌剂40%富士一号乳油100毫升，杀虫剂70%吡虫啉散粒剂4克，防治稻叶瘟、稻飞虱。
- 孕穗期每亩喷施杀菌剂75%三环唑粉剂20克，叶枯宁25%可湿性粉剂100克，杀虫剂70%吡虫啉散粒剂4克，防治水稻病虫害。
- 始穗期每亩喷施杀菌剂75%三环唑粉剂20克，48%毒死蜱乳油100毫升防治水稻病虫害。

3. 两优1259早稻手插高产栽培技术模式图

月份	1月上	1月中	1月下	2月上	2月中	2月下	3月上	3月中	3月下	4月上	4月中	4月下	5月上	5月中	5月下	6月上	6月中	6月下	7月上	7月中	7月下
节气	小寒		大寒	立春		雨水	惊蛰		春分	清明		谷雨	立夏		小满	芒种		夏至	小暑		大暑
产量构成	全生育期195天，有效穗20万穗/亩，每穗粒数150粒，结实率90%，千粒重30克，目标产量800千克/亩。																				
生育时期	播种期12月25日，秧田期45天，移栽期2月10日，有效分蘖期3月30日，孕穗分化期4月15日，始穗期5月20日，齐穗期5月25日，成熟期7月10日。																				
主茎叶龄期			0	1	2	3	4	5	6	7	8	9	10	11	12	13	14	15	16		
茎蘖动态	移栽叶龄4.5叶，移栽茎蘖苗2.8万苗/亩，拔节期茎蘖数26万苗/亩，抽穗期茎蘖数22万苗/亩，成熟期穗数20万穗/亩。																				
育秧	育秧采用旱育秧，每亩（移栽大田）育秧面积13平方米，用1包壮秧剂（1.25千克）作底肥，播种量1.5千克（干谷子）。																				
栽插	密度1.92万穴/亩，规格：株行距12.4厘米×28厘米，每穴栽1~2苗，基本苗2.8万苗/亩。																				
施肥	苗肥：移栽前7天青苗施"送嫁肥"，用46%尿素1%~2%浓度进行浇施。　基肥：每亩施复合肥20千克，46%尿素5千克，12%磷肥40千克，50%硫酸钾5千克，移栽前随耙田时施用。　分蘖肥：每亩施46%尿素7千克，移栽后10~12天施用。　穗肥：每亩施46%尿素13千克，50%硫酸钾5千克，幼穗分化期施用。　说明：每亩施纯氮14~15千克，纯磷6~7千克，纯钾6~7千克。基肥：穗肥为6:4。																				
灌溉	返青活棵期：浅水灌溉3厘米，活棵至80%够苗叶龄期：干湿灌溉（以干为主）。　干湿灌溉；撤水晒田；80%够苗叶龄期至拔节期：干湿灌溉；拔节至抽穗期：干湿灌溉；抽穗至成熟期：干湿灌溉。																				
病虫害防治	用强氯精浸种消毒。　秧苗期移栽前5天，喷施杀菌剂和杀虫剂，带药下田。　分蘖期每亩喷施杀菌剂40%富士一号乳油100毫升，杀虫剂70%吡虫啉散粒剂4克，防治稻叶瘟和稻飞虱。　分蘖盛期每亩喷施杀菌剂40%富士一号菌剂40毫升，富士一号乳油100毫升，杀虫剂70%吡虫啉散粒剂100克，杀虫剂70%吡虫啉散粒剂4克，防治稻叶瘟和温和稻瘟、稻飞虱。　孕穗期每亩喷施杀菌剂75%三环唑粉剂20克，杀菌剂25%叶枯宁可湿性粉剂100克，杀虫剂40%辛硫磷乳油100毫升，防治水稻病虫害。　始穗期每亩喷施杀菌剂75%三环唑粉剂20克，48%毒死蜱乳油100毫升防治水稻病虫害。																				

4. 赣优明占早稻机插高产栽培技术模式图

月份	1月上	1月中	1月下	2月上	2月中	2月下	3月上	3月中	3月下	4月上	4月中	4月下	5月上	5月中	5月下	6月上	6月中	6月下	7月上	7月中	7月下
节气	小寒		大寒	立春		雨水	惊蛰	春分		清明		谷雨	立夏		小满	芒种		夏至	小暑		大暑
产量构成	全生育期175天，有效穗20万穗/亩，每穗粒数150粒，结实率90%，千粒重30克，目标产量800千克/亩。																				
生育时期	播种期2月15日，秧田期40天，移栽期3月25日，有效分蘖期4月10日，孕穗分化期4月25日，始穗期5月30日，齐穗期6月5日，成熟期8月10日。																				
主茎叶龄期					0	1	2	3	4	5	6	7	8 9	10 11	12 13	14 15 16					
茎蘖动态	移栽叶龄4叶，移栽茎蘖苗3.5万苗/亩，拔节期茎蘖数28万苗/亩，抽穗期茎蘖数22万苗/亩，成熟期穗数20万穗/亩。																				
育秧	育秧采用塑盘育秧，每亩21盘，播种量2千克（干谷子）。																				
栽插	密度1.39万穴/亩，规格：株行距16厘米×30厘米，每穴栽2~3苗，基本苗3.5万/亩。																				
施肥	基肥：每亩施复合肥20~30千克，46%尿素5千克，12%磷肥40千克，50%硫酸钾5千克，移栽前随耙田时施用。				苗肥：移栽前7天青苗施"送嫁肥"，用46%尿素1%~2%浓度进行浇施。			分蘖肥：每亩施46%尿素7千克，移栽后10~12天施用。					穗肥：每亩施46%尿素13千克，50%硫酸钾5千克，幼穗分化期施用。			说明：每亩施纯氮15~17千克，纯磷6~7千克，纯钾6~7千克，基蘖肥：穗肥为6:4。					
灌溉	返青活棵期：浅水灌溉3厘米，干湿灌溉（以干为主）。						分蘖盛期至80%够苗叶龄期：干湿灌溉；80%够苗叶龄期至拔节期：撤水晒田；拔节至抽穗期：干湿灌溉；抽穗至成熟期：干湿灌溉。														
病虫害防治	用强氯精浸种消毒。秧苗期移栽前5天，喷施杀菌剂和杀虫剂，带药下田。						分蘖期每苗喷施杀菌剂40%富士一号乳油100毫升，杀虫剂70%吡虫啉散粒剂4克，防治稻叶瘟和稻飞虱。			分蘖盛期每苗喷施杀菌剂40%富士一号乳油100毫升，杀虫剂70%吡虫啉散粒剂4克，防治稻叶瘟和稻飞虱。			孕穗期每苗喷施杀菌剂75%三环唑粉剂20克，杀菌剂25%叶枯宁可湿性粉剂100克，辛硫磷乳油100毫升，防治水稻病虫害。			始穗期每苗喷施杀菌剂75%三环唑粉剂20克，48%毒死蜱乳油100毫升防治水稻病虫害。					

5. 两优2161早稻机插高产栽培技术模式图

月份	1月 上	1月 中	1月 下	2月 上	2月 中	2月 下	3月 上	3月 中	3月 下	4月 上	4月 中	4月 下	5月 上	5月 中	5月 下	6月 上	6月 中	6月 下	7月 上	7月 中	7月 下
节气	小寒		大寒	立春		雨水	惊蛰		春分	清明		谷雨	立夏		小满	芒种		夏至	小暑		大暑
主茎叶龄期			0	1	2	3	4	5	6	7	8	9	10	11	12	13	14	15	16		

产量构成： 全生育期160～170天，有效穗20万～22万穗/亩，每穗粒数150～160粒，结实率85%～88%，千粒重30克。目标产量750～850千克/亩。

生育时期： 播种期1月20日—2月25日，秧田期30～40天，移栽期3月1—30日，有效分蘖期4月30日—5月5日，幼穗分化始期5月1—15日，孕穗期5月15—30日，齐穗期6月10—25日，成熟期7月10—30日。

茎蘖动态： 移栽叶龄4～5叶，移栽茎苗3万～5万苗/亩，拔节期茎蘖数33万～36万苗/亩，抽穗期茎蘖数24万～26万苗/亩，成熟期穗数20万～22万/亩。

育秧： 准备红壤土配制育秧营养土，红壤土经过粉碎过筛，营养土、盖种的红壤细土不能添加壮秧剂和肥料。采用播种机械流水线大棚育秧，移至硬地或秧床整齐摆放。出苗1～2天后，芽鞘长到8毫米为宜，相对湿度在80%左右，注重秧苗水分管理。温室催芽，芽鞘化催芽，温度保持在30℃左右，在早晨适量地喷水。每亩准备育秧硬盘20～22盘，每亩准备种子2千克，浸种前1天清水浸种，用清水浸种5小时，浸种时间为48小时，调试播种流水线，调节设备，每盘播湿种子110克，播好种后在大棚内堆放时间2～3天，播种后在大棚内堆放时间12小时。每盘添加壮秧剂10～15克配制育秧，每盘准备红壤土4千克，用强氯精500倍液浸种消毒12小时，种子过干过白，棚内温度保持在25℃左右；秧苗生长期，要秧苗早晚叶中尖变小或叶片卷曲，观察秧苗的盘土是否过干发白，秧苗早晚叶中尖变小或叶片卷曲，要在早晨适量地喷水。

栽插： 密度：1.4万～1.6万穴/亩，规格：株行距(14～16)厘米×30厘米，每穴栽2～3苗，基本苗3万～5万苗/亩。

施肥：
- 苗肥：移栽后7天看苗施"送嫁肥"，用46%尿素1%～2%浓度进行浇施，不施苗肥也可以。
- 基肥：每亩施40%复合肥20～30千克，14%过磷酸钙20～40千克，移栽前随耙田时施用。
- 分蘖肥：每亩施40%～45%复合肥10千克，46%尿素10千克，移栽后7～10天与除草剂一起施用。
- 穗肥：每亩施40%～45%复合肥10千克，46%尿素10～12千克，幼穗分化期施用。
- 说明：每亩施纯氮14～15千克，纯磷6～8千克，纯钾5～6千克，基蘖肥：穗氮肥=6：4。

灌溉： 插秧后浅水护苗活棵管理；分蘖期浅水勤灌，蜡熟期干干湿湿。分蘖期浅水勤灌，及时晒田，控制无效分蘖。孕穗期，抽穗期保持浅水灌溉，灌浆期干湿交替。

病虫害防治： 用强氯精浸种消毒。秧苗期移栽前5天，喷施杀菌剂和杀虫剂，带药下田。分蘖期每亩喷施杀菌剂30%稻瘟灵乳油100毫升，杀虫剂25%噻嗪酮可湿性粉剂25克，防治稻叶瘟和稻飞虱。分蘖盛期每亩施杀菌剂40%富士一号乳油100毫升，20%吡虫啉·三唑磷乳油100毫升，防治稻叶瘟、稻飞虱。孕穗期每亩喷施杀菌剂75%三环唑粉剂20克，叶枯宁可湿性粉剂100克，三唑磷乳油100毫升，辛硫磷乳油100毫升，防治稻叶瘟、稻飞虱。始穗期每亩施杀菌剂75%三环唑粉剂20克，40%辛硫磷乳油100毫升，防治水稻病虫害。

6. 宜优673早稻机插高产栽培技术模式图

月份	1月 上	1月 中	1月 下	2月 上	2月 中	2月 下	3月 上	3月 中	3月 下	4月 上	4月 中	4月 下	5月 上	5月 中	5月 下	6月 上	6月 中	6月 下	7月 上	7月 中	7月 下
节气	小寒		大寒	立春		雨水	惊蛰		春分	清明		谷雨	立夏		小满	芒种		夏至	小暑		大暑
产量构成	全生育期175~190天，有效穗20万穗/亩，每穗粒数150~160粒，结实率85%，千粒重30克，目标产量750~800千克/亩。																				
生育时期	播种期1月10日—2月15日，秧田期30~40天，移栽期2月10日—3月25日，有效分蘖期4月10—20日，幼穗分化期4月20—30日，孕穗期5月10—20日，齐穗期6月15—25日，成熟期7月20日—8月10日。																				
主茎叶龄期			0　1　2　3　4　5　6　7　8　9　10　11　12　13　14　15　16																		
茎蘖动态	移栽叶龄4叶，移栽茎蘖苗3.5万苗/亩，拔节期茎蘖数28万苗/亩，抽穗期茎蘖数22万苗/亩，成熟期穗数20万穗/亩。																				
育秧	育秧采用塑盘育秧，每亩21盘，播种量2千克（干谷子）。																				
栽插	密度1.4万~1.6万穴/亩，规格：株行距（14~16）厘米×30厘米，每穴栽2~3苗，基本苗3万~5万苗/亩。																				
施肥	基肥：每亩施34%复合肥(16:9:9)20千克，46%尿素5千克，12%磷肥40千克，50%硫酸钾5千克，移栽前随耙田时施用。			苗肥：移栽前7天看苗施"送嫁肥"，用46%尿素1%~2%浓度进行浇施。			分蘖肥：每亩施46%尿素7千克，移栽后10~12天施用。						穗肥：每亩施13千克，幼穗分化期施用。			说明：每亩施纯氮13~15千克，纯钾6~7千克。磷6~7千克，蘖氮肥：穗氮肥为6:4。					
灌溉	返青活棵期：浅水灌溉3厘米，活棵至80%够苗叶龄期：干湿灌溉（以干为主）。			返青活棵期：浅水灌溉3厘米；活棵至80%够苗叶龄期：干湿灌溉；80%够苗叶龄期至拔节期：撤水晒田；拔节至抽穗期：干湿灌溉；抽穗至成熟期：干湿灌溉。																	
病虫害防治	用强氯精浸种消毒。			秧苗期移栽前5天，喷施杀菌剂和杀虫剂，带药下田。			分蘖期每亩喷施杀菌剂40%富士一号乳油100毫升，杀虫剂70%吡虫啉散粒剂4克，防治稻叶瘟和稻飞虱。			分蘖盛期每亩喷施杀菌剂40%富士一号乳油100毫升，杀虫剂25%叶枯宁可湿性粉剂100克，杀虫剂70%吡虫啉散粒剂4克，防治稻叶瘟、稻飞虱。			孕穗期每亩喷施杀菌剂75%三环唑粉剂20克，杀菌剂25%叶枯宁可湿性粉剂100克，杀虫剂40%吡虫啉散粒剂40毫升，辛硫磷乳油100毫升，防治稻叶瘟、稻飞虱。			始穗期每亩喷施杀菌剂75%三环唑粉剂20克，48%毒死蜱乳油100毫升防治水稻病虫害。					

7. 德优4727 早稻机插高产栽培技术模式图

月份	1月			2月			3月			4月			5月			6月			7月		
	上	中	下	上	中	下	上	中	下	上	中	下	上	中	下	上	中	下	上	中	下
节气	小寒	大寒		立春		雨水	惊蛰		春分	清明		谷雨	立夏		小满	芒种		夏至	小暑		大暑
主茎叶龄期			0	1	2	3	4	5	6	7	8	9	10	11	12	13	14	15	16		

产量构成： 全生育期170~185天，有效穗20万~21万穗/亩，每穗粒数150~155粒，结实率85%，千粒重30克。目标产量750~800千克/亩。

生育时期： 播种期1月15日—2月15日，秧田期30~40天，移栽期3月1—15日，幼穗分化始期4月20—30日，孕穗期5月1—10日，齐穗期6月15—25日，成熟期7月20—30日。

茎蘖动态： 移栽叶龄4~5叶，移栽茎蘖苗3万~5万苗/亩，拔节期茎蘖数33万~36万苗/亩，抽穗期茎蘖数24万~26万苗/亩，成熟期穗数20万~21万穗/亩。

育秧： 准备红壤土配制育秧营养土，红壤土经过粉碎过筛，盖种的红壤细土不能添加壮秧剂和肥料。每亩准备育秧硬盘20~22盘，每盘准备红壤营养土4千克；每盘添加壮秧剂10.42克配制育秧营养土，每盘准备种子110克，用强氯精500倍液浸种消毒12小时，用清水浸种5小时，浸种前1天晒种2千克，调试播种流水线，调节设备，每盘播湿种子110克，播好种后在大棚内堆放时间2~3天暗化催芽，芽鞘长到8毫米左右，移至硬地或秧床整齐摆放。出苗1~2天后，种子长势1~2天后，棚内温度保持在25℃左右；秧苗生长期温度保持在30℃左右，相对湿度在80%左右。棚内温度变小或不卷曲，秧苗早晚叶中午小或不卷曲，要在早晨适量喷水。观察秧苗的苗盘土是否过干发白，注重秧苗水分管理。

栽插： 密度：1.4万~1.6万穴/亩，规格：株行距（14~16）厘米×30厘米，每穴栽2~3苗，基本苗3万~5万苗/亩。

施肥：
- 苗肥：移栽前7天看苗施"送嫁肥"，用46%尿素1%~2%浓度进行浇施，不施苗肥也可以。
- 基肥：每亩施45%复合肥（15：15：15）20~30千克，14%过磷酸钙20~40千克，耙田时施用。
- 分蘖肥：每亩施46%尿素10千克，移栽后7~10天与除草剂一起施用。
- 穗肥：每亩施45%复合肥10千克，46%尿素10~12千克，幼穗分化期施用。
- 说明：每亩施纯氮14~15千克，纯磷6~8千克，纯钾5~6千克，基蘖肥：穗氮肥为6：4。

灌溉： 插秧后浅水护苗活棵管理；分蘖期浅水勤灌，蜡熟期干湿。每丛茎蘖数达15苗，及时晒田，控制无效分蘖。孕穗期、抽穗期保持浅水灌溉，灌浆期干湿交替。

病虫害防治：
- 用强氯精浸种消毒。
- 秧苗期移栽前5天，喷施杀菌剂和杀虫剂，带药下田。
- 分蘖期每亩喷施杀菌剂30%稻瘟灵乳油100毫升，25%噻嗪酮可湿性粉剂25克，防治稻叶瘟和稻飞虱。
- 分蘖盛期每亩喷施杀菌剂40%稻瘟灵乳油100毫升，20%三唑磷乳油100克，防治稻叶瘟、稻飞虱。
- 孕穗期每亩喷施杀菌剂75%三环唑粉剂25%叶枯宁可湿性粉剂40%辛硫磷乳油100克，杀虫剂20克，辛硫磷乳油100毫升，防治水稻病虫害。
- 始穗期每亩喷施杀菌剂75%三环唑粉剂20克，40%辛硫磷乳油100毫升防治水稻病虫害。

8. 滇屯502早稻机插高产栽培技术模式图

月份	1月			2月			3月			4月			5月			6月			7月		
	上	中	下	上	中	下	上	中	下	上	中	下	上	中	下	上	中	下	上	中	下
节气	小寒	大寒		立春		雨水	惊蛰	春分		清明		谷雨	立夏		小满	芒种		夏至	小暑		大暑
产量构成	全生育期165~175天，有效穗17万~18万穗/亩，每穗粒数120~126粒，结实率80%，千粒重31克，目标产量500~550千克/亩。																				
生育时期	播种期1月10日—2月10日，移栽期3月1—20日，秧田期30~40天，有效分蘖期4月20—30日，幼穗分化始期5月10—20日，孕穗期5月20—30日，齐穗期6月15—25日，成熟期7月15—25日。																				
主茎叶龄期					0	1	2	3	4	5	6	7	8	9	10	11	12	13	14	15	
茎蘖动态	移栽叶龄4~4.5叶，移栽茎蘖苗4万~4.5万/亩，拔节期茎蘖数27万~28万苗/亩，抽穗期茎蘖数20万~21万苗/亩，成熟期穗数17万~18万穗/亩。																				
育秧	育秧采用塑料盘育秧，每亩21盘，播种量3千克（干谷子）。																				
栽插	密度：1.4万~1.6万穴/亩，规格：株行距（14~16）厘米×30厘米，每穴栽3苗，基本苗4万~4.5万穗/亩。																				
施肥	苗肥：移栽前3~4天看苗施"送嫁肥"，用46%尿素1%~2%浓度进行浇施。 基肥：每亩施34%复合肥（16：9：9）20千克、12%过磷酸钙40千克、50%钾肥5千克，随耙田时施用。 分蘖肥：每亩施46%尿素15千克，移栽后7~10天与除草剂一起施用。 穗肥：每亩施46%尿素10千克、50%钾肥5千克，幼穗分化期施用。 说明：每亩施纯氮13~14千克，纯磷6~7千克，纯钾5~7千克。基蘖氮肥：穗氮肥为7：3。																				
灌溉	返青活棵期：浅水灌溉；熟期：干湿灌溉（以干为主）。 活棵至80%够苗叶龄期：干湿灌溉；80%够苗叶龄期：撒水晒田。 拔节至抽穗期：干湿灌溉；抽穗至成熟期：干湿灌溉。																				
病虫害防治	用强氯精或施保克浸种消毒。 秧苗期移栽前5天，喷施杀菌剂和杀虫剂，带药下田。 分蘖期每亩喷施40%富士一号乳油100毫升、70%吡虫啉散粒剂4克，防治水稻叶瘟、稻飞虱。 分蘖期每亩喷施杀菌剂40%稻瘟灵可湿性粉剂40克、杀虫散剂70%吡虫啉散粒剂4克，防治水稻叶瘟、稻飞虱。 分蘖盛期每亩喷施杀菌剂40%湿性粉剂、杀虫剂70%吡虫啉散粒剂4克，防治水稻叶瘟、稻飞虱。 孕穗期每亩喷施杀菌剂40%富士一号乳油100毫升、25%噻嗪酮可湿性粉剂25克、48%毒死蜱乳油25毫升，防治水稻叶瘟、稻飞虱、稻纵卷叶螟虫害。 始穗期每亩喷施杀菌剂75%三环唑粉剂20克、48%毒死蜱乳油100毫升防治水稻病虫害。																				

9. 滇陇201早稻手插高产栽培技术模式图

月份	1月			2月			3月			4月			5月			6月			7月		
	上	中	下	上	中	下	上	中	下	上	中	下	上	中	下	上	中	下	上	中	下
节气	小寒		大寒	立春		雨水	惊蛰	春分		清明		谷雨	立夏	小满		芒种		夏至	小暑		大暑
主茎叶龄期		0	1	2	3	4	5	6	7	8	9	10	11	12	13	14	15	16			

产量构成	全生育期170~195天，有效穗17万~18万穗/亩，每穗粒数130~136粒，干粒重30克，结实率80%~83%，目标产量500~600千克/亩。
生育时期	播种期1月10日—2月10日，秧田期40~45天，移栽期2月25日—3月20日，有效分蘖4月10—30日，幼穗分化始期5月10—20日，孕穗期5月10—20日，齐穗期5月25—30日，成熟期6月25—30日，成熟期7月25—30日。
茎蘖动态	移栽叶龄4~4.5叶，移栽茎蘖苗3~5万苗/亩，拔节期茎蘖数27万~28万苗/亩，抽穗期茎蘖数20万~21万苗/亩，成熟期穗数17万~18万苗/亩。
育秧	采用小拱棚保温保湿旱育秧，将育秧地块土壤耙碎，1.2米开墒，育秧面积15平方米，用壮秧剂1.25千克作底肥，壮秧剂施入土壤3~5厘米，平整墒面，浇洒足水，种子不外露为宜。
栽插	密度：1.6万~1.85万穴/亩，规格：株行距（12~14）厘米×（28~30）厘米，每穴栽2~3苗，基本苗3~5万苗/亩。
施肥	苗肥：移栽前7天看苗施"送嫁肥"，用46%尿素1%~2%浓度进行浇施。基肥：移栽前7天看苗施肥20千克，14%过磷酸钙20千克，46%尿素5千克，移栽前随耙田时施用。分蘖肥：每亩施46%尿素8~10千克，移栽后7~10天与除草剂一起施用。穗肥：每亩施52%钾肥5千克，46%尿素5~8千克。幼穗分化期施用。说明：每亩施纯氮12~13千克，纯磷4~5千克，纯钾4~5千克。基蘖肥：穗氮肥为7：3。
灌溉	浅水移栽，移栽后浅水管理和干湿交替为主，分蘖期薄水分蘖，需要干湿湿润保持土壤湿润，扬花胎水、扬花灌浆，灌浆结实期干湿交替，蜡熟期干湿，割前10天放干水。每丛茎蘖数达到10苗时，控苗晒田，中期干干湿湿以湿为主，幼穗分化期要灌好够苗晒田，防止早衰，不能把田水放干晒田，影响粒重。收割前10天放干水。
病虫害防治	用强氯精浸种消毒。秧苗期移栽前5天，喷施杀菌剂40%富土一号、土一号，杀虫剂40%70%吡虫啉带药下田。分蘖盛期每亩喷施杀菌剂40%富土一号乳油100毫升，杀虫剂40%稻瘟灵可湿性粉剂40克，杀虫剂70%吡虫啉散粒剂4克，防治稻叶瘟叶瘟、稻飞虱。分蘖盛期每亩喷施杀菌剂40%稻瘟灵40克，杀虫剂70%吡虫啉散粒剂4克，防治稻叶瘟叶瘟、稻飞虱。孕穗期每亩喷施杀菌剂40%富士一号乳油100毫升，25%噻嗪酮可湿性粉剂25克，48%毒死蜱乳油25克，防治水稻叶瘟稻飞虱、稻纵卷叶螟等病虫害。始穗期每亩喷施杀菌剂75%三环唑粉剂20克，48%毒死蜱乳油100毫升防治水稻病虫害。

10. 云粳37早稻手插高产栽培技术模式图

月份	1月			2月			3月			4月			5月			6月			7月		
	上	中	下	上	中	下	上	中	下	上	中	下	上	中	下	上	中	下	上	中	下
节气	小寒		大寒	立春		雨水	惊蛰		春分	清明		谷雨	立夏		小满	芒种		夏至	小暑		大暑
主茎叶龄期	0	1	2	3	4	5	6	7	8	9	10	11	12	13	14	15					

产量构成： 全生育期185~195天，有效穗21万~23万穗/亩，每穗粒数180~200粒，结实率66%~68%，千粒重24克，目标产量550~650千克/亩。

生育时期： 播种期1月1—10日，秧田期40~45天，移栽期2月15—20日，有效分蘖期4月25—30日，幼穗分化始期5月1—10日，孕穗期5月15—20日，齐穗期6月10—15日，成熟期7月10—15日。

茎蘖动态： 移栽叶龄3~3.5叶，移栽茎蘖基本苗4万~6万苗/亩，拔节期茎蘖数33万~35万苗/亩，抽穗期茎蘖数25万~27万苗/亩，成熟期穗数21万~23万穗/亩。

育秧： 采用小拱棚保温保湿旱育秧，将育秧地块土壤耙碎，1.2米开墒，移栽大田1亩准备种子2千克，育秧面积15平方米，用壮秧剂1.25千克作底肥，壮秧剂施入土壤3~5厘米，浇洒足水，平整墒面，用细红壤土盖种1厘米，种子不露为宜。

栽插： 密度2万~2.3万穴/亩，规格：株行距（12~13）厘米×（24~25）厘米，每穴栽2~3苗，基本苗4万~6万苗/亩。

施肥：
- 苗肥：移栽前7天看苗施"送嫁肥"，用46%尿素1%~2%浓度进行浇施。
- 基肥：每亩施40%复合肥25千克、14%过磷酸钙25千克、移栽前随耙田时施用。
- 分蘖肥：每亩施尿素5~8千克，移栽后7~10天与除草剂一起施用。
- 穗肥：每亩施52%钾肥5千克、46%尿素5千克、幼穗分化期施用。
- 说明：每亩施纯氮10~11千克，纯磷5~6千克，纯钾5~6千克，基蘖氮肥为8：2。

灌溉： 浅水移栽，移栽后浅水管理和干湿交替为主，分蘖期薄水分蘖，每丛茎蘖数达到10苗时，控苗晒田，中期干干湿湿以湿为主，幼穗分化期要灌好养胎水，扬花灌浆期实期保持土壤湿润，需要干干湿湿，灌浆结实期干干湿湿交替，蜡熟期干干湿湿，不能把田水放干晒田，防止早衰，影响粒重，收割前10天放干水。

病虫害防治：
- 用强氯精浸种消毒。
- 秧苗期移栽前5天，喷施杀菌剂40%富土一号、杀虫剂70%吡虫啉，带药下田。
- 分蘖盛期每亩喷施杀菌剂40%富土一号100毫升、20%三唑磷乳油100毫升，防治稻叶瘟、稻飞虱。
- 孕穗期每亩喷施杀菌剂75%三环唑粉剂20克、杀菌剂25%叶枯宁可湿性粉剂100克、杀虫剂40%辛硫磷乳油100毫升，防治水稻病虫害。

（三）勐腊县早稻区主导品种栽培技术模式图

1. 两优2186早稻手插高产栽培技术模式图

月份	1月			2月			3月			4月			5月			6月			7月		
	上	中	下	上	中	下	上	中	下	上	中	下	上	中	下	上	中	下	上	中	下
节气	小寒		大寒	立春		雨水	惊蛰		春分	清明		谷雨	立夏		小满	芒种		夏至	小暑		大暑
主茎叶龄期		0 1 2 3 4	5 6 7 8 9	10	11	12	13	14	15	16											

产量构成： 全生育期160~165天，有效穗17万~19万穗/亩，每穗粒数135~140粒，结实率85%，千粒重30克。目标产量580~700千克/亩。

生育时期： 播种期12月10~15日，秧田期35~40天，移栽1月14—20日，有效分蘖期2月15~20日，幼穗分化始期3月25—30日，孕穗期4月1~25日，齐穗期4月30日~5月5日，成熟期5月25~30日。

茎蘖动态： 移栽叶龄4~5叶，移栽穴数1.78万穴/亩，移栽基本苗17万~19万穗/亩，有效穗数17万~19万穗/亩。茎蘖苗2万~3万苗/亩，拔节期茎蘖数25万~28万苗/亩，抽穗期茎蘖数22万~24万苗/亩，成熟期

育秧： 育秧采用旱育秧，每亩（移栽大田）育秧面积10~15平方米，用45%三元复合肥1.5千克，12%普钙3千克作底肥，播种量2千克（以露白芽谷计），带蘖1~1.5个。

栽插： 密度：1.78万穴/亩，规格：株行距15厘米×25厘米，每穴栽1~2苗，基本苗2万~3万苗/亩。

施肥：
苗肥：移栽前7天看苗施"送嫁肥"，用46%尿素1%浓度进行浇施。
基肥：每亩施30%水稻复合肥（15：7：8）40千克，10%钙镁磷肥25千克，随耙田时施用。
分蘖肥：每亩施46%尿素8千克，移栽后7~10天与除草剂施用。
穗肥：每亩施复合肥15千克，46%尿素10千克，在幼穗分化期施用。
说明：每亩施纯氮15~16千克，纯磷6千克，纯钾4~4.5千克，基蘖肥：穗氮肥为6：4。

灌溉： 薄水移栽，寸水返青，浅水分蘖，中期干湿湿，控制无效分蘖；以湿为主，幼穗分化阶段灌好养胎水，扬花灌浆阶段保持土壤湿润。

病虫害防治：
浸种确保一天换一次以上的水，一般不做浸种消毒。
秧苗移栽前5天，施杀菌剂和杀虫剂，带药下田。
分蘖期每亩喷施40%富土一号乳油100毫升，70%吡虫啉散粒剂4克，防治水稻病虫害。
分蘖盛期每亩喷施75%三环唑粉剂25克叶枯宁可湿性粉剂25克，70%吡虫啉散粒剂4克，40%辛硫磷乳油100毫升，防治稻叶瘟、稻飞虱。
孕穗期每亩喷施75%三环唑粉剂20克，叶枯宁可湿性粉剂100克，40%辛硫磷乳油100毫升，防治水稻病虫害。
始穗期每亩喷施杀菌剂75%三环唑粉剂20克，25%叶枯宁可湿性粉剂100克，48%毒死蜱乳油100毫升或72%丙溴磷50~60毫升防治水稻病虫害。

2. 宜香725早稻手插高产栽培技术模式图

月份	1月			2月			3月			4月			5月			6月			7月		
	上	中	下	上	中	下	上	中	下	上	中	下	上	中	下	上	中	下	上	中	下
节气	小寒		大寒	立春		雨水	惊蛰		春分	清明		谷雨	立夏		小满	芒种		夏至	小暑		大暑

产量构成： 全生育期160~165天，有效穗17万~19万穗/亩，每穗粒数150粒，结实率85%，千粒重30克。目标产量580~700千克/亩。

生育时期： 播种期12月10—15日，秧田期35~40天，移栽期2月15—20日，有效分蘖期2月14—20日，幼穗分化始期3月25—30日，孕穗期4月1—25日，齐穗期4月30日—5月5日，成熟期5月25—30日。

主茎叶龄期： 0 1 2 3 4 5 6 7 8 9 10 11 12 13 14 15 16

茎蘖动态： 移栽叶龄4~5叶，移栽穴数1.78万穴/亩，有效穗数17万~19万穗/亩。茎蘖苗2万~3万苗/亩，移栽穴数1.78万穴/亩。抽穗期茎蘖数22万~24万苗/亩，拔节期茎蘖数25万~28万苗/亩，成熟期。

育秧： 育秧采用旱育秧，每亩（移栽大田）育秧面积10~15平方米，用45%三元复合肥1.5千克，12%普钙3千克作底肥，播种量2千克（以露白芽谷计），带蘖1~1.5个。

栽插： 密度：1.78万穴/亩，规格：株行距15厘米×25厘米，每穴栽1~2苗，基本苗2万~3万苗/亩。

施肥：
苗肥：移栽前7天看苗施"送嫁肥"，用46%尿素施1%~2%浓度进行浇施。
基肥：移栽前5天，富士一号100毫升+12%过磷酸钙25千克，移栽前钙20~30千克施或喷施，移栽前随耙田时施用。
分蘖肥：每亩施45%复合肥25千克，46%尿素10千克，移栽后7~10天与除草剂一起施用。
穗肥：每亩施45%复合肥8~10千克，46%尿素7~10千克，幼穗分化期施用。
说明：每亩施纯氮13~14千克，纯磷6~7千克，纯钾4~5千克。基氮磷钾肥为6:4。穗氮肥：

灌溉： 浸种确保一天换一次以上的水。薄水移栽，浅水活棵返青，湿润促分蘖，够苗晒田，控制无效分蘖，足水保胎，有水扬花，干湿灌浆，保持土壤湿润，收获前10天断水。

病虫害防治：
秧苗期移栽前5天，富士一号100毫升+吡虫啉4克喷施或3%米乐尔颗粒剂1.5千克拌土撒施，秧苗带药下田。
分蘖期每亩喷施杀菌剂40%富士一号乳油100毫升，杀虫剂70%吡虫啉散粒剂4克或48%毒死蜱乳油75毫升，防治稻叶瘟、稻瘿蚊、稻秆潜蝇、稻飞虱。
分蘖盛期每亩喷施杀菌剂40%稻瘟灵可湿性粉剂40克，杀虫剂70%吡虫啉散粒剂4克，防治水稻叶瘟、稻飞虱、稻瘿蚊、稻飞虱。
孕穗期每亩喷施杀菌剂40%富士一号乳油100毫升+25%噻嗪酮可湿性粉剂25克，48%毒死蜱乳油25克，防治稻叶瘟、稻纵卷叶螟等虫害。
始穗期每亩喷施杀菌剂75%三环唑粉剂20克，48%毒死蜱乳油100毫升防治水稻病虫害。

3. 两优2161 早稻手插高产栽培技术模式图

月份	1月			2月			3月			4月			5月			6月			7月		
	上	中	下	上	中	下	上	中	下	上	中	下	上	中	下	上	中	下	上	中	下
节气	小寒		大寒	立春		雨水	惊蛰		春分	清明	谷雨		立夏	小满		芒种		夏至	小暑		大暑

产量构成： 全生育期160~165天，有效穗17万~19万穗/亩，每穗粒数135~140粒，结实率85%，干粒重30克，目标产量580~700千克/亩。

生育时期： 播种期12月10~15日，秧田期35~40天，移栽期1月14~20日，有效分蘖期2月15~20日，孕穗期4月1—25日，齐穗期4月30日—5月5日，成熟期5月25~30日。

主茎叶龄期： 0 1 2 3 4 5 6 7 8 9 10 11 12 13 14 15 16

茎蘖动态： 移栽叶龄4~5叶，移栽穴数1.78万穴/亩，有效穗数17万~19万穗/亩。茎蘖数2万~3万苗/亩，拔节期茎蘖数25万~28万苗/亩，抽穗期茎蘖数22万~24万苗/亩，成熟期。

育秧： 密度：1.78万穴/亩，规格：株行距15厘米×25厘米，每穴栽1~2苗，基本苗2万~3万苗/亩。育秧采用旱育秧，每亩（移栽大田）育秧面积10~15平方米，用45%三元复合肥1.5千克，12%普钙3千克作底肥，播种量2千克（以露白芽谷计），带蘖1~1.5个。

栽插： 苗肥：移栽前7天看苗施"送嫁肥"，用46%尿素1%浓度进行浇施。 基肥：移栽前7天青苗施复合肥（15：7：8）40千克，10%钙镁磷肥25千克，随耕耙田施用。

施肥： 分蘖肥：每亩施46%尿素8千克，移栽后7~10天与除草剂施用。 穗肥：每亩施复合肥15千克，46%尿素10千克，在幼穗分化期施用。 说明：每亩施纯氮15~16千克，纯磷6千克，纯钾4~4.5千克，基蘖肥：穗氮肥为6：4。

灌溉： 薄水移栽，寸水返青，浅水分蘖，每丛达12~13苗时晒田，控制无效分蘖，中期干干湿湿，以湿为主，幼穗分化阶段要灌好养胎水，扬花灌浆阶段保持土壤湿润。

病虫害防治：
浸种确保一天换一次以上的水，一般不做浸种消毒。
秧苗移栽前5天，喷施杀菌剂和杀虫剂，带药下田。
分蘖期每亩喷施40%富士一号乳油100毫升，70%吡虫啉散粒剂4克，防治水稻病虫害。
分蘖盛期每亩施杀菌剂40%富士一号乳油100毫升，杀虫剂70%吡虫啉散粒剂4克，防治稻飞虱、稻叶瘟。
孕穗期每亩喷施杀菌剂75%三环唑粉剂20克，杀菌剂25%叶枯宁可湿性粉剂100克，40%辛硫磷乳油100毫升，防治水稻虫害。
始穗期每亩喷施杀菌剂75%三环唑粉剂20克，25%叶枯宁湿性粉剂100克，48%毒死蜱乳油100毫升或72%丙溴磷50~60毫升防治水稻虫害。

4. 宜香优1108早稻手插高产栽培技术模式图

月份	1月			2月			3月			4月			5月			6月			7月		
	上	中	下	上	中	下	上	中	下	上	中	下	上	中	下	上	中	下	上	中	下
节气	小寒		大寒	立春	雨水		惊蛰		春分	清明		谷雨	立夏		小满	芒种		夏至	小暑		大暑
主茎叶龄期				0 1 2 3 4 5 6	7	8	9	10		11 12 13 14 15											

产量构成： 全生育期150~165天，有效穗14万~15万穗/亩，每穗粒数172粒，结实率88%，千粒重28.6克，目标产量550~650千克/亩。

生育时期： 播种期11月1—15日，秧田期40~50天，移栽期12月10—20日，有效穗分蘖期12月30日—1月5日，幼穗分化始期2月10—20日，孕穗期2月15—2月25日，齐穗期3月20—30日，成熟期4月20日—5月1日。

茎蘖动态： 移栽叶龄4~5叶，移栽茎蘖苗3.0万~3.5万茎苗/亩，拔节期茎蘖数25万~26万茎/亩，抽穗期茎蘖数18万~19万茎/亩，成熟期穗数14万~15万/亩。

育秧： 育秧采用旱育秧：每亩（移栽大田）育秧面积15平方米，用1包壮秧剂（1.25千克）作底肥，播种量1.5千克。
送嫁肥：移栽前3~5天，每亩施8~10千克尿素作送嫁肥，喷一次吡虫啉类、春雷霉素、碧护等作"送嫁药"。

栽培： 密度：1.68万穴/亩，规格：株行距13.2厘米×30厘米，每穴栽2苗，基本苗：3.0万~3.5万苗/亩。

施肥： 基肥：每亩施40%复合肥30~40千克，随耙田时施用。
分蘖肥：移栽后7~10天，每亩施尿素5千克，与化学除草剂混用。
穗肥：每亩施46%尿素10千克，钾肥5千克，在幼穗分化期施用。
说明：每亩施纯氮13~14千克，纯磷5千克，纯钾5千克。基蘖氮肥：穗氮肥为7：3。

灌溉： 浅水栽秧，湿润出苗，秧苗返青后稻田应保持2~3厘米深的浅水层促分蘖，够苗晒田，抽穗扬花期，灌浆结实期采用间歇灌溉，保持土壤湿润，进入黄熟阶段后，稻田排水落干。

病虫害防治： 药剂浸种：用17%菌虫清可湿性粉剂，加10%吡虫啉可湿性粉剂性粉剂浸种。
移栽前7~10天，四氯虫酰胺、氯虫·噻虫嗪等防治飞虱。
分蘖期每亩喷施杀菌剂稻瘟灵或稻病灵酮，杀虫剂噻嗪酮，防治稻叶瘟和稻飞虱。
分蘖盛期使用叶枯唑、三环唑，杀虫剂噻嗪酮，防治水稻条纹叶枯、飞虱等病虫害。
拔节孕穗期使用杀菌剂嘧菌酯、农用链霉素、杀虫剂吡蚜酮，防治稻瘟病、稻纵卷叶螟等病虫害。
始穗期喷施三环唑治水稻病虫害。毒死蜱防治。

二、中稻主导品种栽培技术模式图[1]

(一) 景洪市中稻区主导品种栽培技术模式图

1. 宜香3003中稻手插高产栽培技术模式图

月份	3月			4月			5月			6月			7月			8月			9月		
	上	中	下	上	中	下	上	中	下	上	中	下	上	中	下	上	中	下	上	中	下
节气	惊蛰		春分	清明		谷雨	立夏		小满	芒种		夏至	小暑		大暑	立秋		处暑	白露		秋分
产量构成	全生育期125～135天，有效穗16万～18万穗/亩，每穗粒数145～150粒，结实率80%，千粒重29克。目标产量530～620千克/亩。																			
生育时期	播种期4月20日—5月10日，秧田期25～30天，移栽期5月15—25日，有效分蘖期6月20—30日，幼穗分化始期6月25—30日，孕穗期7月1—15日，齐穗期8月1—15日，成熟期9月1—15日。																			
主茎叶龄期				0	1	2	3	4	5	6	7	8	9	10	11	12	13	14	15		
茎蘖动态	移栽叶龄4～5叶，苗高控制在20～25厘米以内，基本苗2万～3万苗/亩，拔节期茎蘖数20万～22万苗/亩，抽穗期茎蘖数19万～20万苗/亩，成熟期穗数16万～18万穗/亩。																			
育秧	采用旱育秧，每亩（移栽大田）育秧面积15平方米，用1包壮秧剂（1.25千克）作底肥，播种量2千克（以露白芽合计），秧苗常带蘖。																			
栽插	密度：1.8万～2.0万穴/亩，规格：株行距(13～15)厘米×25厘米，每穴栽1～2苗，基本苗2万～3万苗/亩，靠插也靠发。																			

（续表）

月份	3月			4月			5月			6月			7月			8月			9月		
	上	中	下	上	中	下	上	中	下	上	中	下	上	中	下	上	中	下	上	中	下
施肥	苗肥：移栽前7天看苗施"送嫁肥"，用46%尿素1%~2%浓度进行浇施。			基肥：每亩施45%复合肥25千克，12%过磷酸钙20~30千克，随耙田时施用。					分蘖肥：每亩施46%尿素10千克，移栽后7~10天与除草剂一起施用。				穗肥：每亩施8~10千克，46%尿素7~10千克，幼穗分化期施用。			说明：每亩施纯氮13~14千克，纯磷6~7千克，纯钾4~5千克。基蘖氮肥：穗氮肥为6:4。					
灌溉	薄水移栽，浅水活棵返青，湿润促分蘖，够苗晒田，每丛达11~12苗时晒田，控制无效分蘖，足水保胎，有水扬花，干湿灌浆，保持土壤湿润，收获前10天断水。																				
病虫害防治	浸种并确保一天换一次以上的水。			秧苗期移栽前5天，每亩用40%富士一号乳油100毫升，70%吡虫啉散粒剂4克喷施或3%米乐尔颗粒剂1.5千克拌土撒施，秧苗带药下田。			分蘖期每亩喷施杀菌剂40%富士一号乳油100毫升，70%吡虫啉散粒剂4克或毒死蜱乳油75毫升，防治水稻叶瘟、稻瘿蚊、稻秆潜蝇和稻飞虱。			分蘖盛期每亩喷施杀菌剂40%稻瘟灵可湿性粉剂40克，杀虫散粒剂70%吡虫啉散剂4克，防治水稻叶瘟、稻瘿蚊等病虫害。			孕穗期每亩喷施杀菌剂40%富士一号乳油100毫升，杀虫剂25%噻嗪酮可湿性粉剂25克，48%毒死蜱乳油100毫升，防治稻叶瘟、稻飞虱、稻纵卷叶螟等病虫害。						始穗期每亩喷施杀菌剂75%三环唑粉剂20克，48%毒死蜱乳油100毫升防治水稻病虫害。			

2. 宜优1988 中稻手插高产栽培技术模式图

月份	3月		4月		5月			6月			7月		8月		9月		
	上	下	上	下	上	中	下	上	中	下	上	下	上	中	下	上	中	下
节气	惊蛰	春分	清明	谷雨	立夏	小满		芒种		夏至	小暑	大暑	立秋		处暑	白露		秋分

产量构成： 全生育期130~135天，有效穗17万~18万苗，每穗粒数145~150粒，结实率75%~80%，千粒重29克。目标产量550~600千克/亩。

生育时期： 播种期4月20日~5月10日，移栽期5月15~25日，秧田期25~30天，有效分蘖期6月20~30日，幼穗分化始期6月25~30日，孕穗期7月1—15日，齐穗期8月1—15日，成熟期9月1—15日。

主茎叶龄期： 0 1 2 3 4 5 6 7 8 9 10 11 12 13 14 15

茎蘖动态： 移栽叶龄4~5叶，苗高控制在20~25厘米以内，基本苗2万~3万苗/亩，拔节期茎蘖数20万~22万苗/亩，抽穗期茎蘖数19万~20万苗/亩，成熟期穗数17万~18万穗/亩。

育秧： 采用旱育秧，育秧面积15平方米，每亩（移栽大田）育秧播种量2千克（以露白芽计），秧苗带蘖。

栽插： 密度：1.8万~2.0万穴/亩，规格：株行距13厘米×25厘米，每穴栽1~2苗，秧苗带药，靠插也靠发。用1包壮秧剂（1.25千克）作底肥，播种量2千克。

施肥：
基肥：每亩施45%复合肥25千克，12%过磷酸钙20~30千克，46%尿素7~10千克，移栽前一天随耙田时施用，关好水防止肥料流失。
苗肥：移栽后7天看苗施"送嫁肥"，用46%尿素1%~2%浓度进行浇施。
分蘖肥：每亩施45%复合肥10千克，46%尿素7~10千克，移栽前一天与除草剂一起施用，关好水防止肥料流失。
穗肥：每亩施45%复合肥8~10千克，46%尿素7~10千克，幼穗分化期施用，关好水防止肥料流失。
说明：每亩施纯氮13~14千克，纯磷6~7千克，纯钾4~5千克，基穗氮肥为6:4。

灌溉： 浸种并确保一天换一次以上的水。薄水移栽，浅水活棵返青，湿润促分蘖，够苗晒田，每从达11~12苗时晒田，控制无效分蘖，有水扬花，足水保胎，干湿灌浆，保持土壤湿润。收获前10天断水。

病虫害防治：
秧苗期移栽前5天，每亩用40%富士一号乳油100毫升，70%吡虫啉散粒剂4克或3%米乐尔颗粒剂1.5千克拌土撒施，秧苗带药下田。
分蘖期每亩喷施杀菌剂40%富士一号乳油100毫升或40%稻瘟灵乳油100毫升，70%吡虫啉散粒剂4克或48%毒死蜱乳油75毫升，防治稻叶瘟，防稻飞虱、稻蓟马和稻杆潜叶蝇等虫害。
分蘖盛期每亩喷施杀菌剂40%稻瘟灵乳油100毫升，杀虫剂湿性粉剂40克，70%吡虫啉可湿性粉散剂25克，48%毒死蜱乳油100毫升，防治稻叶瘟，防稻飞虱、稻婴蚊、稻纵卷叶等病虫害。
孕穗期每亩喷施杀菌剂40%稻瘟灵乳油100毫升，杀虫剂25%噻嗪酮可湿性粉剂25克，48%毒死蜱乳油100毫升，防治稻纵卷叶等虫害。
始穗期每亩喷施杀菌剂75%三环唑粉剂20克，48%毒死蜱乳油100毫升防治水稻病虫害。

3. 内香8518中稻机插高产栽培技术模式图

月份	3月上	3月中	3月下	4月上	4月中	4月下	5月上	5月中	5月下	6月上	6月中	6月下	7月上	7月中	7月下	8月上	8月中	8月下	9月上	9月中	9月下
节气	惊蛰		春分	清明		谷雨	立夏		小满	芒种		夏至	小暑		大暑	立秋		处暑	白露		秋分

产量构成： 全生育期130~135天，有效穗17万~18万穗/亩，每穗粒数145~150粒，结实率75%~80%，千粒重29克。目标产量550~600千克/亩。

生育时期： 播种期4月20日—5月10日，秧田期25~30天，移栽期5月15—25日，有效分蘖期6月20—30日，幼穗分化始期6月25—30日，孕穗期7月1—15日，齐穗期8月1—15日，成熟期9月1—15日。

主茎叶龄期： 0 1 2 3 4 5 6 7 8 9 10 11 12 13 14 15

茎蘖动态： 移栽叶龄4~5叶，苗高控制在15~20厘米以内，移栽穴数1.7万穴/亩，成熟期有效穗数17万~18万穗/亩，基本苗5万~6万苗/亩，拔节期茎蘖数22万~25万苗/亩，抽穗期茎蘖数20万~22万苗/亩。

育秧： 育秧采用塑料软盘或者硬盘旱育秧，每亩（移栽大田）用育秧盘20个，用45%三元素复合肥2.5千克与育秧土混合作底肥，播种量2.5千克（以露白芽合计），80~100克旱育保姆浴水10千克淋栽盘育矮壮秧。

栽插： 密度：1.7万穴/亩以上，规格：株行距13厘米×30厘米，每穴栽3~4苗，基本苗5万~6万苗/亩。

施肥：
苗肥：移栽前7天看苗施"送嫁肥"，用46%尿素1%~2%浓度进行浇施。
基肥：每亩施45%复合肥20~30千克，12%过磷酸钙20~40千克，耙田时施用。
分蘖肥：每亩施46%尿素10千克，移栽后7~10天与除草剂一起施用。
穗肥：每亩施45%复合肥10千克，46%尿素10~15千克，幼穗分化期施用。
说明：每亩施纯氮14~17千克，纯磷7~8千克，纯钾5~6千克。基蘖氮肥：穗氮肥为6：4。

灌溉： 薄水移栽防漂秧，湿润分蘖，够苗晒田，保持土壤湿润，花灌浆阶段可以干花湿润，收获前10天断水。中期干湿湿，控制无效分蘖，以湿为主，幼穗分化阶段要灌好养胎水，扬花灌浆阶段，以湿为主，中期干湿湿，收获前10天断水。

病虫害防治： 浸种并确保一天换一次以上的水。秧苗移栽前5天，每亩用40%富士一号乳油100毫升，70%吡虫啉散粒剂4克喷施或3%米乐尔颗粒剂1.5千克拌土撒施，秧苗带药下田。分蘖盛期每亩喷施杀菌剂40%富士一号乳油100毫升，杀虫剂70%吡虫啉散粒剂4克或48%毒死蜱乳油75毫升，防治稻叶瘟叶蟥稻秆和稻飞虱。孕穗期每亩喷施杀菌剂75%三环唑粉剂20克，叶枯宁可湿性粉剂100克，辛硫磷乳油100毫升，防治水稻病虫害。始穗期每亩喷施杀菌剂75%三环唑粉剂20克，48%毒死蜱乳油100毫升防治水稻病虫害。

4. 泸香658中稻手插高产栽培技术模式图

月份	3月			4月			5月			6月			7月			8月			9月		
	上	中	下	上	中	下	上	中	下	上	中	下	上	中	下	上	中	下	上	中	下
节气	惊蛰		春分	清明		谷雨	立夏		小满	芒种		夏至	小暑		大暑	立秋		处暑	白露		秋分
主茎叶龄期					0	1	2 3	4	5	6 7	8 9	10	11 12	13	14 15						

产量构成：全生育期140～145天，有效穗19万～20万穗/亩，每穗粒数120粒，结实率75%～80%，千粒重30克，目标产量500～550千克/亩。

生育时期：播种期3月20日—4月15日，秧田期25～30天，移栽期4月15—25日，有效分蘖期4月25日—5月5日，幼穗分化始期6月1—10日，孕穗期6月25—30日，齐穗期7月1—15日，成熟期8月1—15日。

茎蘖动态：移栽叶龄3.5～4.5叶，苗高控制在15～20厘米以内，移栽穴数2万穴/亩，基本苗5万～6万苗/亩，拔节期茎蘖数22万～25万苗/亩，抽穗期茎蘖数20万～22万苗/亩，成熟期有效穗数19万～20万穗/亩，有效穗靠插也靠发。

育秧：采用旱育秧，每亩（移栽大田）育秧面积15平方米，用1包壮秧剂（1.25千克）作底肥，播种量2千克（以露白芽合计），每亩用旱育保姆100克拌土5千克撒施。

栽插：密度：2万穴/亩，规格：株行距13厘米×25厘米，每穴栽2～3苗，基本苗4万～6万苗/亩。

施肥：
苗肥：移栽前7天看苗施"送嫁肥"，用46%尿素1%～2%浓度进行浇施。
基肥：每亩施45%复合肥25千克、12%过磷酸钙20～30千克，移栽前随耙田时施用。
分蘖肥：每亩施45%复合肥10千克、46%尿素10千克，移栽后7～10天与除草剂一起施用。
穗肥：每亩施45%复合肥8～10千克，7～10天施用。
说明：每亩施纯氮13～14千克，纯磷6～7千克，纯钾4～5千克，基蘖氮肥为6：4。穗氮肥：穗氮肥为6：4。

灌溉：薄水移栽防票秧，湿润分蘖，够苗晒田，湿润分蘖，每丛达13～14.5苗时晒田，保持土壤湿润。中期干湿湿，以湿为主，控制无效分蘖，幼穗分化阶段要灌好养胎水，扬花灌浆阶段以干花湿润，收获前10天断水。

病虫害防治：
浸种并确保一天换一次以上的水，该种中抗稻瘟病。
秧苗期移栽前5天，每亩用40%富士一号乳油100毫升，70%吡虫啉散粒剂4克喷施或3%米乐尔颗粒剂1.5千克拌土，秧苗带药下田。
分蘖期每亩喷施杀菌剂40%富士一号乳油100毫升，70%吡虫啉散粒剂4克或48%毒死蜱乳油75毫升，防治稻叶瘟、稻蓟马、稻飞虱。
分蘖盛期每亩喷施杀菌剂40%富士一号乳油100毫升，杀虫剂70%吡虫啉散粒4克，防治稻瘟、稻蓟马、稻飞虱。
孕穗期每亩喷施杀菌剂75%三环唑粉剂20克、25%叶枯宁可湿性粉剂100克，杀虫剂40%辛硫磷乳油100毫升，5%甲氨基阿维菌素甲酸盐15克，防治水稻病虫害。
始穗期每亩喷施杀菌剂75%三环唑粉剂20克，48%毒死蜱乳油100毫升防治水稻病虫害。

5. 宜优403 中稻手插高产栽培技术模式图

月份	3月			4月			5月			6月			7月			8月			9月		
	上	中	下	上	中	下	上	中	下	上	中	下	上	中	下	上	中	下	上	中	下
节气	惊蛰		春分	清明		谷雨	立夏		小满	芒种		夏至	小暑		大暑	立秋		处暑	白露		秋分

产量构成： 全生育期150~155天，有效穗17万~19万穗/亩，每穗粒数132粒，结实率75%~80%，千粒重31克，目标产量500~520千克/亩。

生育时期： 播种期3月20日—4月15日，秧田期25~30天，移栽期4月15—25日，有效分蘖期4月25日—5月5日，幼穗分化始期6月1—10日，孕穗期6月25—30日，齐穗期7月10—20日，成熟期8月10—25日。

主茎叶龄期： 0 1 2 3 4 5 6 7 8 9 10 11 12 13 14 15

茎蘖动态： 移栽叶龄3.5~4.5叶，苗高控制在15~20厘米以内，移栽穴数2万穴/亩，基本苗5万~6万苗/亩，拔节期茎蘖数22万~25万苗/亩，抽穗期茎蘖数20万~22万苗/亩，成熟期有效穗数17万~19万穗/亩，有效穗靠草插也靠发。

育秧： 采用旱育秧，每苗(移栽大田)育秧面积15平方米，用1包壮秧剂(1.25千克)作底肥，播种量2千克(以露白芽合计)，每苗用旱育保姆100克拌土5千克撒施。

栽插： 密度：2万穴/亩，规格：株行距13厘米×25厘米，每穴栽2~3苗，基本苗4万~6万苗/亩。

施肥：
- 苗肥：移栽前7天看苗施"送嫁肥"，用46%尿素1%~2%浓度进行浇施。
- 基肥：移栽前7天看苗施肥25千克，12%过磷酸钙20~30千克，移栽前随耙田时施用。
- 分蘖肥：每苗施尿素10千克，移栽后7~10天与除草剂一起施用。
- 穗肥：每苗施45%复合肥8~10千克，46%尿素7~10千克，幼穗分化期施用。
- 说明：每苗施纯氮13~14千克，纯磷6~7千克，纯钾4~5千克，基穗氮肥为6:4。

灌溉： 薄水移栽飘秧，湿润分蘖，够苗晒田，湿润壮蘖，以湿为主，中期干干湿湿，控制无效分蘖，扬花灌浆阶段可以干花湿籽，保持土壤湿润，收获前10天断水。幼穗分化阶段要灌好养胎水，扬花灌浆期要灌好养胎水。

病虫害防治：
- 浸种确保一天换一次水以上的水。该种高感白叶枯病，要加强预防控。
- 秧苗期移栽前5天，每苗用40%富士一号乳油100毫升，70%吡虫啉散粒剂4克颗粒施或3%米乐尔颗粒剂1.5千克拌土撒施，秧苗带药下田。
- 分蘖期每苗喷施杀菌剂40%富士一号乳油100毫升，杀虫剂70%吡虫啉散粒剂4克或48%毒死蜱乳油75毫升，防治稻叶瘟、稻蓟马、稻蝇蚊、稻飞虱。
- 分蘖盛期每苗喷施杀菌剂40%富士一号乳油100毫升，杀虫剂70%吡虫啉散粒剂4克，防治稻瘟、稻蝇蚊、飞虱。
- 孕穗期每苗喷施杀菌剂75%三环唑粉剂20克、25%叶枯宁可湿性粉剂100克，杀虫剂40%辛硫磷乳油100毫升、5%甲氨基阿维菌素苯甲酸盐15克，防治水稻病虫害。
- 始穗期每苗喷施杀菌剂25%叶枯宁可湿性粉剂100克、48%毒死蜱乳油100毫升防治水稻病虫害。

6. 宜香9号中稻手插高产栽培技术模式图

月份	3月			4月			5月			6月			7月			8月			9月		
	上	中	下	上	中	下	上	中	下	上	中	下	上	中	下	上	中	下	上	中	下
节气	惊蛰		春分	清明		谷雨	立夏		小满	芒种		夏至	小暑		大暑	立秋		处暑	白露		秋分
产量构成	全生育期140~145天，有效穗16万~17万穗/亩，每穗粒数135粒，结实率80%，千粒重28克，目标产量500~520千克/亩。																				
生育时期	播种期3月20日—4月15日，秧田期25~30天，移栽田4月15—25日，移栽期4月25日—5月5日，有效分蘖期6月15—25日，幼穗分化始期6月1—10日，孕穗期6月25—30日，齐穗期7月10—20日，成熟期7月25—30日，成熟期8月1—15日。																				
主茎叶龄期	0			1	2	3	4	5	6	7	8	9	10	11	12	13	14	15			
茎蘖动态	移栽叶龄3.5~4.5叶，苗高控制在15~20厘米以内，移栽穴数2万/穴，移栽穴数20万~22万苗/亩，成熟期有效穗数16万~17万穗/亩。							基本苗5万~6万苗/亩，拔节期茎蘖数22万~25万苗/亩，抽穗期茎蘖数也靠发。														
育秧	采用旱育秧，每亩（移栽大田）育秧面积15平方米，用1包壮秧剂（1.25千克）作底肥，播种量2千克（以露白芽合计），每亩用旱育保姆100克拌土5千克撒施。																				
栽插	密度：2万穴/亩，规格：株行距13厘米×25厘米，每穴栽2~3苗，基本苗4万~6万苗/亩。																				
施肥	苗肥：移栽前7天看苗施"送嫁肥"，用46%尿素1%~2%浓度进行浇施。			基肥：每亩施45%复合肥25千克、12%过磷酸钙20~30千克，移栽前随耙田时施用。			分蘖肥：每亩施45%复合肥素10千克，移栽后7~10天与除草剂一起施用。			穗肥：每亩施46%尿素7~10千克。移栽后7~10天施用。			穗肥：每亩施45%复合肥8~10千克。幼穗分化期7~10千克。施用。			说明：每亩施纯氮13~14千克，纯磷6~7千克，纯钾4~5千克。基磷氮肥为6:4。穗氮肥：穗氮肥为6:4。					
灌溉	薄水移栽防漂秧，湿润分蘖，够苗晒田，湿润壮籽可以干花湿润，花灌浆阶段可以干花湿润。			每丛达13~14.5苗时晒田，保持土壤湿润，收获前10天断水。			每丛达13~14.5苗时晒田，控制无效分蘖，中期干干湿湿，以湿为主，幼穗分化阶段要灌好养临水，扬花灌浆阶段要灌好养临水。														
病虫害防治	浸种确保一天换一次以上的水。该种高感稻瘟病，要加强防控。			秧苗期移栽前5天，每亩用40%富士一号乳油100毫升或70%吡虫啉散粒剂4克喷施或3%米乐尔颗粒剂1.5千克拌土撒施，秧苗带药下田。			分蘖期移栽5天，每亩用富士一号40%乳油100毫升，杀虫剂4克或48%毒死蜱乳油75毫升，防治稻叶瘟和稻秆潜蝇、稻蓟蚊、稻飞虱。			分蘖盛期每亩喷施杀菌剂40%乳油100毫升，杀虫剂4克，防治稻瘟、稻蓟蚊、稻飞虱。			孕穗期75%三环唑粉剂20克、25%叶枯宁可湿性粉剂100克，杀虫剂40%辛硫磷乳油100毫升、5%甲氨基阿维菌素苯甲酸盐15克，防治水稻病虫害。			始穗期每亩喷施杀菌剂75%三环唑粉剂75%环唑粉剂20克，48%毒死蜱乳油100毫升防治水稻病虫害。					

7. 宜香1979中稻手插高产栽培技术模式图

月份	3月			4月			5月			6月			7月			8月			9月		
	上	中	下	上	中	下	上	中	下	上	中	下	上	中	下	上	中	下	上	中	下
节气	惊蛰		春分	清明		谷雨	立夏		小满	芒种		夏至	小暑		大暑	立秋		处暑	白露		秋分
主茎叶龄期			0	1	2	3	4	5	6	7	8	9	10	11	12	13	14	15			

产量构成： 全生育期140~145天，有效穗18万~20万穗/亩，每穗粒数145粒，结实率75%，千粒重27克。目标产量550~600千克/亩。

生育时期： 播种期3月20日—4月15日，有效穗18万~20万穗/亩，秧田期25~30天，移栽期4月15—25日，有效分蘖期4月25日—5月5日，幼穗分化始期6月1—10日，孕穗期6月25—30日，齐穗期7月10—20日，成熟期8月1—15日。

茎蘖动态： 移栽叶龄3.5~4.5叶，苗高控制15~20厘米，苗高控制在15~20厘米，成熟期有效穗数18万~20万苗/亩，20万~22万苗/亩，移栽穴数2万穴/亩，基本苗5万~6万苗/亩，拔节期茎蘖数22万~25万苗/亩，抽穗期茎蘖数20万~25万苗/亩，有效蘖捕也攻发。

育秧： 采用旱育秧，每亩（移栽大田）育秧面积15平方米，用1包壮秧剂（1.25千克）作底肥，播种量2千克，每亩用旱育保姆100克拌土5千克撒施。每亩用旱育保姆100克（以露白芽谷计）。

栽插： 密度：2万穴/亩，规格：株行距13厘米×25厘米，每穴栽2~3苗，基本苗4万~6万苗/亩。

施肥：
- 苗肥：移栽前7天看苗施"送嫁肥"，用46%尿素1%~2%浓度进行浇施。
- 基肥：移栽前7天看苗施肥25千克、12%过磷酸钙20~30千克、移栽前随耙田时施用。
- 分蘖肥：每亩用45%复合肥10千克，移栽后7~10天与除草剂一起施用。
- 穗肥：每亩施46%尿素7~10千克，幼穗分化初期施用。
- 穗肥：每亩施45%复合肥8~10千克，幼穗分化期7~10千克，幼穗分化期施用。
- 说明：每亩施纯氮13~14千克，纯磷6~7千克，纯钾4~5千克，基蘖氮肥：穗氮肥为6：4。

灌溉： 薄水移栽防飘秧，湿润分蘖，湿润分蘖，够苗晒田，每丛达13~14.5苗时晒田，控制无效分蘖，以湿为主，中期干干湿湿，以湿为主，幼穗分化阶段要灌好养胎水，扬花灌浆阶段可以干花湿润，保持土壤湿润，收获前10天断水。

病虫害防治： 浸种确保一天换一次以上的水。该地中感稻瘟病，要加强防控。秧苗移栽前5天，每亩用40%富士一号乳油100毫升，70%吡虫啉散粒剂4克或48%毒死蜱颗粒剂1.5千克拌土撒施，秧苗带土带药下田。分蘖期每亩喷施杀菌剂40%富士一号乳油100毫升，70%吡虫啉散粒剂4克，防治稻叶瘟和稻秆潜蝇、稻蓟马、稻飞虱。分蘖盛期每亩喷施杀菌剂40%富士一号乳油100毫升，70%吡虫啉散粒剂4克，防治稻叶瘟、稻蓟马、稻飞虱。孕穗期每亩喷施杀菌剂75%三环唑粉剂20克，杀菌剂25%叶枯宁可湿性粉剂100克，杀虫剂40%辛硫磷乳油100毫升，5%甲氨基阿维菌素苯甲酸盐15克，防治水稻病虫害。始穗期每亩喷施杀菌剂75%三环唑粉剂20克，48%毒死蜱乳油100毫升防治水稻病虫害。

8. Ⅱ优838中稻手插高产栽培技术模式图

月份	3月			4月			5月			6月			7月			8月			9月		
	上	中	下	上	中	下	上	中	下	上	中	下	上	中	下	上	中	下	上	中	下
节气	惊蛰	春分	清明		谷雨		立夏	小满	芒种			夏至	小暑		大暑	立秋		处暑	白露		秋分
主茎叶龄期			0	1	2	3	4	5	6	7	8	9	10	11	12	13	14	15	16		

产量构成：全生育期140~145天，有效穗16万~17万穗/亩，每穗粒数130粒，结实率80%，千粒重29克。目标产量500~520千克/亩。

生育时期：播种期3月20日—4月15日，秧田期25~30天，移栽期4月15~25日，有效分蘖期4月25日—5月5日，幼穗分化始期6月1—10日，孕穗期6月25—30日，齐穗期7月10—20日，成熟期7月25日—8月5日。

茎蘖动态：移栽叶龄3.5~4.5叶，苗高控制在15~20厘米以内，移栽穴数2万穴/亩，基本苗5万~6万苗/亩，拔节期茎蘖数22万~25万苗/亩，抽穗期茎蘖数20万~22万苗/亩，成熟期有效穗数16万~17万穗/亩，有效穗靠插也靠发。

育秧：采用旱育秧，每亩（移栽大田）育秧面积15平方米，播种量2千克（以露白芽谷计），用1包壮秧剂（1.25千克）作底肥，每亩用旱育保姆100克拌土5千克撒施。

栽插：密度：2万穴/亩，规格：株行距13厘米×25厘米，每穴栽2~3苗，每丛苗4万~6万苗/亩。

施肥：
- 苗肥：移栽前7天看苗施"送嫁肥"，用46%尿素1%~2%浓度进行浇施。
- 基肥：每亩施45%复合肥25千克，12%过磷酸钙20~30千克，移栽前随耙田时施用。
- 分蘖肥：每亩施46%尿素10千克，移栽后7~10天与除草剂一起施用。
- 穗肥：每亩施45%复合肥8~10千克，46%尿素7~10千克，幼穗分化期施用。
- 说明：每亩施纯氮13~14千克，纯磷6~7千克，纯钾4~5千克。基蘖氮肥：穗氮肥为6:4。

灌溉：薄水移栽防漂秧，湿润分蘖，够苗晒田，保持土壤湿润，收获前10天断水。中期干干湿湿，控制无效分蘖，以湿为主，幼穗分化阶段要灌好养胎水，扬花灌浆阶段以干花湿湿。

病虫害防治：
- 浸种确保一天换一次水，以上的水该种中感稻瘟病，要加强稻瘟病防控。
- 秧苗期移栽前5天，每亩用40%富士一号乳油100毫升或70%吡虫啉散粒剂4克喷施或3%米乐尔颗粒剂1.5千克拌土撒施，秧苗带药下田。
- 分蘖期每亩喷施杀菌剂40%富士一号乳油100毫升，杀虫剂70%吡虫啉散粒剂4克或48%毒死蜱乳油75毫升，防治稻叶瘟、稻蓟马、稻飞虱。
- 分蘖盛期每亩喷施杀菌剂40%富士一号乳油100毫升，杀虫剂70%吡虫啉散粒剂4克，防治稻叶瘟、稻蓟马、稻飞虱。
- 孕穗期每亩喷施杀菌剂75%三环唑粉剂20克，杀菌剂25%叶枯宁可湿性粉剂100克，杀虫剂40%辛硫磷乳油100毫升，5%甲氨基阿维菌素苯甲酸盐15克，防治水稻秆溶病、稻飞虱。
- 始穗期每亩喷施杀菌剂75%三环唑粉剂20克，48%毒死蜱乳油100毫升防治水稻病虫害。

9. 两优2161中稻手插高产栽培技术模式图

月份	3月上	3月中	3月下	4月上	4月中	4月下	5月上	5月中	5月下	6月上	6月中	6月下	7月上	7月中	7月下	8月上	8月中	8月下	9月上	9月中	9月下
节气	惊蛰		春分	清明		谷雨	立夏		小满	芒种		夏至	小暑		大暑	立秋		处暑	白露		秋分
产量构成	全生育期140~145天，有效穗16万~17万穗/亩，每穗粒数145粒，结实率75%，千粒重30克。目标产量500~550千克/亩。																				
生育时期	播种期3月20日—4月15日，秧田期25~30天，移栽期4月15—25日，有效分蘖期4月25日—5月5日，幼穗分化始期6月1—10日，孕穗期6月25—30日，齐穗期7月10—20日，成熟期8月1—15日。																				
主茎叶龄期			0	1	2	3	4	5	6	7	8	9	10	11	12	13	14	15	16		
茎蘖动态	移栽叶龄3.5~4.5叶，苗高控制在15~20厘米以内，移栽穴数2万穴/亩，基本苗5万~6万苗/亩，拔节期茎蘖数22万~25万苗/亩，抽穗期蘖数20万~22万苗/亩，成熟期有效穗数16万~17万穗/亩。有效穗草苗也早发。																				
育秧	采用旱育秧，每亩育秧（移栽大田）育秧面积15平方米，用1包壮秧剂（1.25千克）作底肥，播种量2千克。每亩用旱育保姆100克（以露白芽合计），每亩用旱育保姆100克拌土5千克撒施。																				
栽插	密度：2万穴/亩，规格：株行距13厘米×25厘米，每穴栽2~3苗，基本苗4万~6万苗/亩。																				
施肥	苗肥：移栽前7天看苗施"送嫁肥"，用46%尿素1%~2%浓度进行泼施。基肥：每亩施45%复合肥25千克、12%过磷酸钙20~30千克、移栽前随耙田时施用。分蘖肥：每亩施45%复合肥10千克、46%尿素7~10天与除草剂一起施用。穗肥：每亩施45%复合肥10千克、46%尿素10千克、幼穗分化期施用。说明：每亩施纯氮15千克、纯磷7千克，纯钾5千克。基蘖氮肥：穗氮肥为6：4。																				
灌溉	浸种确保一天换一次以上的水。薄水移栽防漂秧，湿润分蘖，够苗晒田，保持土壤湿润，花花浆阶段可以干花湿籽。每丛达13~14.5苗时晒田，控制无效分蘖，中期干湿湿，以湿为主，幼穗分化阶段要灌好养胎水，扬花花浆阶段要灌好养胎水，收获前10天断水。																				
病虫害防治	秧苗期移栽前5天，每亩用40%富士一号乳油100毫升或70%吡虫啉散粒剂4克喷施或3%米乐尔颗粒剂1.5千克拌土撒施，秧苗带药下田。分蘖期每亩喷施杀菌剂40%富士一号乳油100毫升、杀虫剂70%吡虫啉散粒剂4克或48%毒死蜱乳油75毫升，防治稻叶瘟和稻秆潜蝇、稻飞虱。分蘖盛期每亩喷施杀菌剂40%富士一号乳油100毫升、杀虫剂一号杀虫乳油40%辛硫磷乳油70%吡虫啉散粒剂4克、防治稻叶瘟、稻蓟马、稻飞虱。孕穗期每亩喷施杀菌剂25%叶枯宁可湿性粉剂100克、杀虫剂40%辛硫磷乳油100毫升、5%甲氨基阿维菌素苯甲酸盐15克、防治水稻病虫害。始穗期每亩喷施杀菌剂75%三环唑粉剂20克、48%毒死蜱乳油100毫升防治水稻病虫害。																				

10. 两优1259中稻手插高产栽培技术模式图

月份	3月			4月			5月			6月			7月			8月			9月		
	上	中	下	上	中	下	上	中	下	上	中	下	上	中	下	上	中	下	上	中	下
节气	惊蛰		春分	清明		谷雨	立夏		小满	芒种		夏至	小暑		大暑	立秋		处暑	白露		秋分

产量构成： 全生育期140~145天，有效穗17万~19万穗/亩，每穗粒数145粒，结实率75%，千粒重30克。目标产量550~600千克/亩。

生育时期： 播种3月20日—4月15日，秧田期25~30天，移栽期4月15—25日，有效分蘖期4月25日—5月5日，幼穗分化始期6月1—10日，孕穗期6月25—30日，齐穗期7月10—20日，成熟期8月1—15日。

主茎叶龄期： 0 1 2 3 4 5 6 7 8 9 10 11 12 13 14 15 16

茎蘖动态： 移栽叶龄3.5~4.5叶，苗高控制在15~20厘米以内，移栽穴数2万穴/亩，基本苗5万~6万苗/亩，拔节期茎蘖数22万~25万苗/亩，成熟期有效穗数17万~19万穗/亩。有效穗靠插也靠发。

育秧： 采用旱育秧，每亩（移栽大田）育秧面积15平方米，用1包壮秧剂（1.25千克）作底肥，播种量2千克（以露白芽合计），每亩用旱育保姆100克拌土5千克撒施。

栽插： 密度：2万穴/亩，规格：株行距13厘米×25厘米，每穴栽2~3苗，基本苗4万~6万苗/亩。

施肥： 苗肥：移栽前7天苗施"送嫁肥"，用46%尿素5千克撒施。 基肥：移栽前7天，每亩用46%尿素10千克，12%过磷酸钙20~30千克，随耙田时施用。 分蘖肥：每亩施45%复合肥25千克，46%尿素10千克，移栽后7~10天与除草剂一起施用。 穗肥：每亩施45%复合肥8~10千克，46%尿素7~10千克。幼穗分化期施用。

说明： 每亩施纯氮13~14千克，纯磷6~7千克，纯钾4~5千克，基氮肥、蘖氮肥为6:4。穗氮肥：穗氮肥为6:4。

灌溉： 薄水移栽防漂秧，湿润分蘖，够苗晒田，花灌浆阶段可以干花湿润。 移栽期移栽，湿润分蘖，保持土壤湿润。 每丛达13~14.5苗时晒田，收获前10天断水。 中期干湿湿，控制无效分蘖，以湿为主，幼穗分化阶段要灌好养胎水，扬花灌浆阶段要灌好养胎水。

病虫害防治： 浸种确保一天换一次以上的水。 秧苗期移栽前5天，每亩用40%富士一号乳油100毫升，70%吡虫啉散粒剂4克喷施或3%米乐尔1.5千克拌土颗粒剂撒施，秧苗带药下田。 分蘖期每亩喷施杀菌剂40%富士一号乳油100毫升，杀虫剂70%吡虫啉散粒剂4克或48%毒死蜱乳油75毫升，防治稻叶瘟和稻秆潜蝇、稻飞虱、稻蓟马、稻飞虱。 分蘖盛期每亩喷施杀菌剂40%富士一号乳油100毫升，杀虫剂70%吡虫啉散粒剂4克，防治稻叶瘟、稻蓟马、稻飞虱。 孕穗期每亩喷施杀菌剂25%叶枯宁可湿性粉剂100克，杀虫剂40%辛硫磷乳油100毫升，5%甲氨基阿维菌素苯甲酸盐15克，防治水稻病虫害。 始穗期每亩喷施杀菌剂75%三环唑粉剂20克，48%毒死蜱乳油100毫升防治水稻病虫害。

11. 渝香203中稻手插高产栽培技术模式图

月份	3月 上	3月 中	3月 下	4月 上	4月 中	4月 下	5月 上	5月 中	5月 下	6月 上	6月 中	6月 下	7月 上	7月 中	7月 下	8月 上	8月 中	8月 下	9月 上	9月 中	9月 下
节气	惊蛰		春分	清明		谷雨	立夏		小满	芒种		夏至	小暑		大暑	立秋		处暑	白露		秋分
产量构成	全生育期135~140天，有效穗16万~17万穗/亩，每穗粒数145粒，结实率76%，千粒重30克。目标产量500~550千克/亩。																				
生育时期	播种期3月20日—4月15日，秧田期25~30天，移栽期4月15—25日，有效分蘖期4月25日—5月5日，幼穗分化始期6月1—10日，孕穗期6月25—30日，齐穗期7月10—20日，成熟期8月1—15日。																				
主茎叶龄期	0		1	2	3	4	5	6	7	8	9	10	11	12	13	14	15	16			
茎蘖动态	移栽叶龄3.5~4.5叶，苗高控制在15~20厘米以内，苗高控制20万~22万苗/亩，成熟期有效穗数17万~19万穗/亩。移栽穴数2万穴/亩，基本苗5万~6万苗/亩，抽穗期茎蘖数22万~25万苗/亩。有效穗茎蘖也靠发。																				
育秧	采用旱育秧，每亩（移栽大田）育秧面积15平方米，用1包让秧剂（1.25千克）作底肥，播种量2千克（以露白芽合计），每亩用旱育保姆100克拌土5千克散施。																				
栽插	密度：2万穴/亩，规格：株行距13厘米×25厘米，每穴栽2~3苗，基本苗4万~6万苗/亩。																				
施肥	苗肥：移栽前7天看苗施"送嫁肥"，用46%尿素1%~2%浓度进行浇施。 基肥：每亩施肥25千克，12%过磷酸钙20~30千克，移栽前随耙田时施用。 分蘖肥：每亩施45%复合肥10千克，46%尿素7~10天，移栽后7~10天与除草剂一起施用。 穗肥：每亩施45%复合肥8~10千克，46%尿素7~10千克，幼穗分化期施用。 说明：每亩施纯氮13~14千克，纯磷6~7千克，纯钾4~5千克，基蘖氮肥为6:4。磷肥作底肥；穗氮肥：粒氮肥为6:4。																				
灌溉	薄水移栽防漂秧，湿润分蘖，够苗晒田，每丛达13~14.5苗时晒田，控制无效分蘖，中期干湿湿，以湿为主，幼穗分化阶段要灌好养胎水，扬花灌浆阶段可以干花湿润，保持土壤湿润，收获前10天断水。																				
病虫害防治	浸种确保一天换一次水，该种高感褐飞虱，要加强防控。 秧苗移栽前5天，每亩用40%富士一号乳油100毫升，70%吡虫啉散粒剂4克或48%毒死蜱乳油75毫升，防治稻叶瘟和稻秆潜蝇、稻蓟马撒施，秧苗带药下田。 分蘖盛期每亩喷施杀菌剂40%富士一号乳油100毫升，杀虫剂70%吡虫啉散粒剂4克，防治稻叶瘟、稻蓟马、稻飞虱。 孕穗期每亩喷施杀菌剂25%叶枯宁可湿性粉剂100克，杀虫剂40%辛硫磷乳油100毫升、70%吡虫啉散粒剂4克、5%甲氨基阿维菌素苯甲酸盐15克，防治稻瘟病稻病虫害。 始穗期每亩喷施杀菌剂75%三环唑粉剂20克、48%毒死蜱乳油100毫升防治水稻病虫害。																				

12. 宜香 2239 中稻手插高产栽培技术模式图

月份	3月			4月			5月			6月			7月			8月			9月		
	上	中	下	上	中	下	上	中	下	上	中	下	上	中	下	上	中	下	上	中	下
节气	惊蛰		春分	清明		谷雨	立夏		小满	芒种		夏至	小暑		大暑	立秋		处暑	白露		秋分
主茎叶龄期			0	1	2	3	4	5	6	7	8	9	10	11	12	13	14	15	16		

产量构成： 全生育期 140~145 天，有效穗 16 万~18 万穗/亩，每穗粒数 145 粒，结实率 71%，千粒重 30 克。目标产量 500~550 千克/亩。

生育时期： 播种期 3 月 20 日—4 月 15 日，秧田期 25~30 天，移栽期 4 月 15~25 日，有效分蘖期 4 月 25 日—5 月 5 日，孕穗期 6 月 25—30 日，齐穗期 7 月 10—20 日，成熟期 8 月 1—15 日。

茎蘖动态： 移栽叶龄 3.5~4.5 叶，苗高控制在 15~20 厘米以内，移栽六数 2 万/穴亩，基本苗 5 万~6 万苗/亩，拔节期茎蘖数 22 万~25 万苗/亩，抽穗期茎蘖数 20 万~22 万苗/亩，成熟期有效穗数 17 万~19 万穗/亩。有效穗靠插也靠发。

育秧： 采用旱育秧，每亩（移栽大田）育秧面积 15 平方米，用 1 包壮秧剂（1.25 千克）作底肥，播种量 2 千克（以露白芽谷计），每亩用旱育保姆 100 克拌土 5 千克撒施。

栽插： 密度：2 万/穴亩，规格：株行距 13 厘米×25 厘米，每穴栽 2~3 苗，基本苗 4 万~6 万苗/亩。

施肥：
- 苗肥：移栽前 7 天看苗施"送嫁肥"，用 46% 尿素 1%~2% 浓度进行浇施。
- 基肥：移栽前 7 天富苗肥 25 千克、12% 过磷酸钙 20~30 千克，移栽前随耙田时施用。
- 分蘖肥：每亩施 46% 尿素 10 千克，移栽后 7~10 天与除草剂一起施用。
- 穗肥：每亩施 45% 复合肥 8~10 千克，纯钾 6~7 千克，幼穗分化期 7~10 千克施用。
- 说明：每亩施纯氮 13~14 千克，纯磷 4~5 千克，纯钾 6~7 千克。穗氮肥为 6：4。

灌溉： 薄水移栽返青秧，湿润分蘖，够苗晒田，花灌浆阶段可以干花湿润，保持土壤湿润，收获前 10 天断水。中期干湿湿，以湿为主，控制无效分蘖，扬花幼穗分化阶段要灌好养胎水。

病虫害防治：
- 浸种确保一天换一次水。严防上的水的恶苗病、稻瘟颈瘟。
- 秧苗期移栽前 5 天，每亩用富士一号乳油 100 毫升，70% 吡虫啉散粒剂 4 克喷施或 3% 米乐尔颗粒剂 1.5 千克拌土撒施，秧苗带药下田。
- 分蘖期每亩喷施杀菌剂 40% 富士一号乳油 100 毫升，杀虫剂 70% 吡虫啉散粒剂 4 克或 48% 毒死蜱乳油 75 毫升，防治稻叶瘟、稻秆潜蝇、稻蓟马、稻飞虱。
- 分蘖盛期每亩喷施杀菌剂 40% 富士一号乳油 100 毫升，杀虫剂 70% 吡虫啉散粒剂 4 克或毒死蜱乳油，防治稻叶瘟、稻瘟、稻飞虱。
- 孕穗期每亩喷施杀菌剂 25% 叶枯宁可湿性粉剂 100 克，杀虫剂 40% 辛硫磷乳油 100 毫升，5% 甲氨基阿维菌素苯甲酸盐 15 克，防治水稻病虫害。
- 始穗期每亩喷施杀菌剂 75% 三环唑粉剂 20 克，48% 毒死蜱乳油 100 毫升防治水稻病虫害。

13. 两优 2186 中稻手插高产栽培技术模式图

月份	3 月			4 月			5 月			6 月			7 月			8 月			9 月		
	上	中	下	上	中	下	上	中	下	上	中	下	上	中	下	上	中	下	上	中	下
节气	惊蛰	春分		清明		谷雨	立夏		小满	芒种		夏至	小暑		大暑	立秋		处暑	白露		秋分
产量构成	全生育期 140~145 天，有效穗 16 万~17 万穗/亩，每穗粒数 150 粒，结实率 78%，千粒重 30 克。目标产量 550~600 千克/亩。																				
生育时期	播种期 3 月 20 日—4 月 15 日，秧田期 25~30 天，移栽期 4 月 15—25 日，有效分蘖期 4 月 25—5 月 5 日，幼穗分化始期 6 月 1—10 日，孕穗期 6 月 25—30 日，齐穗期 7 月 10—20 日，成熟期 8 月 1—15 日。																				
主茎叶龄期	0		1	2	3	4	5	6	7	8	9	10	11	12	13	14	15	16			
茎蘖动态	移栽叶龄 3.5~4.5 叶，苗高控制在 15~20 厘米以内，移栽穴数 2 万穴/亩，基本苗 5 万~6 万苗/亩，拔节期茎蘖数 5 万~6 万苗/亩，抽穗期茎蘖数 20 万~22 万苗/亩，成熟期有效穗数 17 万~19 万穗/亩。有效穗靠插也靠发。																				
育秧	采用旱育秧，每亩（移栽大田）育秧面积 15 平方米，用 1 包壮秧剂（1.25 千克）作底肥，播种量 2 千克（以露白芽合计），每亩用旱育保姆 100 克拌土 5 千克撒施。																				
栽插	密度：2 万穴/亩，规格：株行距 13 厘米×25 厘米，每穴栽 2~3 苗，基本苗 4 万~6 万苗/亩。																				
施肥	苗肥：移栽前 7 天看苗施"送嫁肥"，用 46% 尿素 1%~2% 浓度进行浇施。 基肥：移栽前 7 天每亩施肥 25 千克、12% 过磷酸钙 30 千克，移栽前随田时间施用。 分蘖肥：每亩施 46% 尿素 10 千克，移栽后 7~10 天与除草剂一起施用。 穗肥：每亩施 45% 复合肥 10 千克，46% 尿素 10 千克，幼穗分化期施用。 说明：每亩施纯氮 15 千克，纯磷 7 千克，纯钾 5 千克。基蘖氮肥：穗粒氮肥为 6：4。																				
灌溉	薄水移栽防漂秧、湿润分蘖，够苗晒田，每丛达 13~14.5 苗时晒田，控制无效分蘖，中期干干湿湿，以湿为主，幼穗分化阶段要灌好养胎水，扬花灌浆阶段可以干花湿湿润，保持土壤湿润，收获前 10 天断水。																				
病虫害防治	浸种确保一天换一次以上的水。要加强稻瘟病和白叶枯病防控。 秧苗期移栽前 5 天，每亩用 40% 富士一号乳油 100 毫升，70% 吡虫啉散粒剂 4 克喷施或 3% 米乐尔颗粒剂 1.5 千克拌土顺撒施，秧苗带药下田。 分蘖期每亩喷施杀菌剂 40% 富士一号乳油 100 毫升，杀虫剂 70% 吡虫啉散粒剂 4 克或 48% 毒死蜱乳油 75 毫升，防治稻叶瘟和稻秆潜蝇、稻飞虱、稻瘿蚊。 分蘖盛期每亩喷施杀菌剂 40% 富士一号乳剂 100 毫升，杀虫剂 70% 吡虫啉散粒剂 4 克或 48% 毒死蜱乳油 75 毫升，防治稻叶瘟、稻瘿蚊、稻飞虱。 孕穗期每亩喷施杀菌剂 25% 叶枯宁可湿性粉剂 100 克，杀虫剂 40% 辛硫磷乳油 100 毫升，5% 甲氨基阿维菌素苯甲酸盐 15 克，防治水稻病虫害。 始穗期每亩喷施杀菌剂 75% 三环唑粉剂 20 克，48% 毒死蜱乳油 100 毫升防治水稻病虫害。																				

（二）勐海县中稻区主导品种栽培技术模式图

1. 宜香 3003 中稻手插高产栽培技术模式图

月份 / 节气

月份	节气
3月上	惊蛰
3月下	春分
4月上	清明
4月下	谷雨
5月上	立夏
5月下	小满
6月上	芒种
6月下	夏至
7月上	小暑
7月下	大暑
8月上	立秋
8月下	处暑
9月上	白露
9月下	秋分

产量构成： 全生育期 140~155 天，有效穗 19 万~20 万穗/亩，每穗粒数 145~150 粒，结实率 83%~87%，千粒重 29 克，目标产量 650~750 千克/亩。

生育时期： 播种期 3 月 30 日~4 月 20 日，秧田期 25~30 天，移栽期 4 月 25 日~5 月 20 日，有效分蘖期 5 月 20 日~6 月 15 日，幼穗分化始期 5 月 30 日~6 月 25 日，孕穗期 6 月 15 日~7 月 10 日，齐穗期 7 月 5 日~8 月 30 日，成熟期 8 月 15 日~9 月 20 日。

主茎叶龄期： 0　1　2　3　4　5　6　7　8　9　10　11　12　13　14　15　16

茎蘖动态： 移栽叶龄 3.5~4.5 叶，移栽茎蘖苗 2 万~3 万苗/亩，拔节期茎蘖数 29 万~30 万苗/亩，抽穗期茎蘖数 23 万~24 万苗/亩，成熟期穗数 19 万~20 万穗/亩。

育秧： 采用旱育秧，每亩（移栽大田）育秧面积 15 平方米，播种量 1.5 千克（干谷子），秧苗带蘖。

栽插： 密度：1.7 万~1.85 万穴/亩，规格：株行距（12~14）厘米×（28~30）厘米，每穴栽 1~2 苗，基本苗 2 万~3 万/亩。

施肥：
- 苗肥：移栽前 7 天看苗施"送嫁肥"，用 46% 尿素 1%~2% 浓度进行浇施。
- 基肥：移栽前 7 天看苗施复合肥 20~25 千克，过磷酸钙 20~30 千克，随耙田时施用。
- 分蘖肥：每亩施 46% 尿素 10 千克，移栽后 7~10 天与除草剂一起施用。
- 穗肥：每亩施复合肥 8~10 千克，尿素 7~10 千克，幼穗分化期施用。
- 说明：每亩施纯氮 12~14.5 千克，纯磷 6~7 千克，纯钾 4~5 千克，基蘖氮肥：穗氮肥为 6：4。

灌溉： 薄水移栽，浅水活棵返青，湿润分蘖，够苗晒田，每丛达 11~12 苗时晒田，控制无效分蘖，足水保胎，有水扬花，干湿灌浆，保持土壤湿润，收获前 10 天断水。

病虫害防治：
- 用强氯精或施保克浸种消毒。
- 秧苗期移栽前 5 天，喷施杀菌剂和杀虫剂，带药下田。
- 分蘖期每亩喷施杀菌剂 40% 富士一号乳油 100 毫升，杀虫剂 70% 吡虫啉散粒剂 4 克，防治稻叶瘟和稻飞虱。
- 分蘖盛期每亩喷施杀菌剂 40% 稻瘟灵湿性粉剂 40 克，杀虫剂 70% 吡虫啉散粒剂 4 克，防治稻叶瘟、稻飞虱等病害。
- 孕穗期每亩喷施杀菌剂 40% 稻瘟净油 100 毫升，25% 噻嗪酮可湿性粉剂 25 克，48% 毒死蜱乳油 100 毫升，防治水稻叶瘟、稻纵卷叶螟等病虫害。
- 始穗期每亩喷施杀菌剂 75% 三环唑粉剂 20 克，48% 毒死蜱乳油 100 毫升防治水稻螟虫害。

2. 两优1259中稻手插高产栽培技术模式图

月份	3月			4月			5月			6月			7月			8月			9月		
	上	中	下	上	中	下	上	中	下	上	中	下	上	中	下	上	中	下	上	中	下
节气	惊蛰		春分	清明		谷雨	立夏		小满	芒种		夏至	小暑		大暑	立秋		处暑	白露		秋分
产量构成	全生育期140~155天，有效穗19万~20万穗/亩，每穗粒数145~150粒，结实率83%~87%，千粒重29克。目标产量650~750千克/亩。																				
生育时期	播种期3月30日—4月20日，秧田期25~30天，移栽期4月25日—5月20日，有效分蘖期5月20日—6月15日，幼穗分化始期5月30日—6月6日，孕穗期6月15日—7月10日，齐穗期7月5日—8月30日，成熟期8月15日—9月20日。																				
主茎叶龄期	0			1	2	3	4	5	6	7	8	9	10	11	12	13	14	15	16		
茎蘖动态	移栽叶龄3.5~4.5叶，移栽茎蘖苗2万~3万苗/亩，拔节期茎蘖数29万~30万苗/亩，抽穗期茎蘖数23万~24万苗/亩，成熟期穗数19万~20万穗/亩。																				
育秧	采用旱育秧，每亩（移栽大田）育秧面积15平方米，用1包壮秧剂（1.25千克）作底肥，播种量1.5千克（干谷子），秧苗带蘖。																				
栽插	密度：1.7万~1.85万穴/亩，规格：株行距（12~14）厘米×（28~30）厘米，每穴栽1~2苗，基本苗2万~3万苗/亩。																				
施肥	苗肥：移栽前7天看苗施"送嫁肥"，用46%尿素1%~2%浓度进行浇施。基肥：每亩施复合肥20~25千克，14%过磷酸钙20~30千克，随耙田时施用。分蘖肥：每亩施46%尿素10千克，移栽后7~10天与除草剂一起施用。穗肥：每亩施复合肥8~10千克，46%尿素7~10千克，幼穗分化期施用。说明：每亩施纯氮12~14.5千克，纯磷6~7千克，纯钾4~5千克，基蘖氮肥：穗氮肥为6：4。																				
灌溉	薄水移栽，浅水活棵返青，湿润分蘖，够苗晒田，湿润灌浆，干湿灌浆，有水扬花，足水保胎，控制无效分蘖，每丛达11~12苗时晒田，保持土壤湿润，收获前10天断水。																				
病虫害防治	用氯精或施保克浸种消毒。秧苗期移栽前5天喷施杀菌剂和杀虫剂，带药下田。分蘖期每亩喷施杀菌剂40%富士一号乳油100毫升，杀虫剂4%吡虫啉散粒剂4克，防治稻叶瘟、稻飞虱。分蘖盛期每亩喷施杀菌剂40%稻瘟灵可湿性粉剂40克，杀虫剂70%吡虫啉散粒剂4克，防治稻叶瘟、稻飞虱。孕穗期每亩喷施杀菌剂40%富士一号乳油100毫升，25%噻嗪酮可湿性粉剂25克，48%毒死蜱乳油100毫升，防治水稻叶瘟、稻飞虱、稻纵卷叶螟等病虫害。始穗期每亩喷施杀菌剂75%三环唑粉剂20克，48%毒死蜱乳油100毫升防治水稻病虫害。																				

3. 宜优673中稻手插高产栽培技术模式图

月份	3月			4月			5月			6月			7月			8月			9月		
	上	中	下	上	中	下	上	中	下	上	中	下	上	中	下	上	中	下	上	中	下
节气	惊蛰		春分	清明		谷雨	立夏		小满	芒种		夏至	小暑		大暑	立秋		处暑	白露		秋分
产量构成	全生育期140~155天，有效穗19万~20万穗/亩，每穗粒数145~150粒，结实率83%~87%，千粒重29克。目标产量650~750千克/亩。																				
生育时期	播种期3月30日—4月20日，秧田期25~30天，移栽期4月25日—5月20日，有效分蘖期5月20日—6月15日，幼穗分化始期5月30日—6月25日，孕穗期6月15日—7月10日，齐穗期7月5日—8月30日，成熟期8月15日—9月20日。																				
主茎叶龄期					0	1	2	3	4	5	6	7	8	9	10	11	12	13	14	15	16
茎蘖动态	移栽叶龄4叶，移栽茎蘖苗3.5万苗/亩，拔节期茎蘖数28万苗/亩，抽穗期茎蘖数22万苗/亩，成熟期穗数19万~20万穗/亩。																				
育秧	用旱育秧（移栽大田）育秧面积15平方米，每亩用1包壮秧剂（1.25千克）作底肥，播种量1.5千克（干谷子），秧苗带蘖。																				
栽插	密度1.6万穴/亩，规格：株行距14厘米×30厘米，每穴栽2苗、基本苗3万苗/亩。																				
施肥	苗肥：移栽前7天春苗施"送嫁肥"，用46%尿素1%~2%浓度进行浇施。 基肥：每亩施34%复合肥（16:9:9）20千克，46%尿素5千克，12%磷肥40千克，50%硫酸钾5千克，移栽前随耙田时施用。 分蘖肥：每亩施46%尿素7千克，移栽后10~12天施用。 穗肥：每亩施46%尿素13千克，50%硫酸钾5千克，幼穗分化期施用。 说明：每亩施纯氮13~15千克，纯磷6~7千克，纯钾6~7千克，基蘖氮肥：穗氮肥为6:4。																				
灌溉	返青活棵期：浅水灌溉3厘米；活棵至80%够苗叶龄期：干湿灌溉；80%够苗叶龄期至拔节期：撤水晒田；拔节至抽穗期：干湿灌溉；抽穗至成熟期：干湿灌溉。																				
病虫害防治	用强氯精浸种消毒。 秧苗期移栽前5天，喷施杀菌剂和杀虫剂，带药下田。 分蘖期每亩喷施杀菌剂40%富士一号乳油100毫升，杀虫剂70%吡虫啉散粒剂4克，防治稻叶瘟和稻飞虱。 分蘖盛期每亩喷施杀菌剂40%富士一号乳油100毫升，杀虫剂70%吡虫啉散粒剂4克，防治稻叶瘟、稻飞虱。 孕穗期每亩喷施三环唑粉剂75%20克，杀菌剂25%叶枯宁可湿性粉剂100克，杀虫剂40%辛硫磷乳油100毫升，防治稻病虫害。 始穗期每亩喷施杀菌剂75%三环唑粉剂20克，48%毒死蜱乳油100毫升防治水稻病虫害。																				

4. 文富7号中稻手插高产栽培技术模式图

月份	3月			4月			5月			6月			7月			8月			9月		
	上	中	下	上	中	下	上	中	下	上	中	下	上	中	下	上	中	下	上	中	下
节气	惊蛰	春分		清明		谷雨	立夏		小满	芒种		夏至	小暑		大暑	立秋		处暑	白露		秋分
主茎叶龄期				0	1	2	3	4	5	6	7	8	9	10	11	12	13	14	15	16	

产量构成： 全生育期140~155天，有效穗20万穗/亩，每穗粒数150粒，结实率78%，千粒重30克。目标产量700千克/亩。

生育时期： 播种期3月30日—4月20日，移栽期4月25日—5月20日，有效分蘖期5月20日—6月15日，幼穗分化始期5月30日—6月15日，秧田期25~30天，孕穗期6月15日—7月10日，齐穗期7月5日—7月10日，成熟期8月15日—9月20日。

茎蘖动态： 移栽叶龄4叶，移栽茎蘖苗3.5万苗/亩，拔节期茎蘖数28万苗/亩，抽穗期茎蘖数22万苗/亩，成熟期穗数19万~20万穗/亩。

育秧： 用旱育秧，每亩（移栽大田）育秧面积15平方米，用1包壮秧剂（1.25千克）作底肥，播种量1.5千克（干谷子），秧苗带蘖。

栽插： 密度1.6万穴/亩，规格，株行距14厘米×30厘米，每穴栽2苗，基本苗3万苗/亩。

施肥：
- 基肥：每亩施复合肥（16：9：9）20千克，12%磷46%尿素5千克，50%硫酸钾5千克，移栽前随耙田时施用。
- 苗肥：移栽前7天看苗施"送嫁肥"，用46%尿素肥40千克，移栽前浇施1%~2%浓度进行浇施。
- 分蘖肥：每亩施46%尿素7千克，移栽后10~12天施用。
- 穗肥：每亩施46%尿素13千克，50%硫酸钾5千克，幼穗分化期施用。
- 说明：每亩施纯氮13~15千克，纯磷6~7千克，纯钾6~7千克。基穗氮肥：穗氮肥为6：4。

灌溉： 返青活根期：浅水灌溉3厘米，活根至80%够苗叶龄期：干湿灌溉；80%够苗叶龄期至拔节期：撤水晒田；拔节至抽穗期：干湿灌溉；抽穗至成熟期：干湿灌溉。

病虫害防治：
- 用强氯精浸种消毒。
- 秧苗期移栽前5天，喷施杀菌剂和杀虫剂，带药下田。
- 分蘖期每亩喷施杀菌剂40%富士一号乳油100毫升，杀虫剂70%吡虫啉散粒剂4千克，防治稻叶瘟和稻飞虱。
- 分蘖盛期每亩喷施杀菌剂40%富士一号乳油100毫升，杀虫剂70%吡虫啉散粒剂4千克，防治稻叶瘟稻飞虱。
- 孕穗期每亩喷施杀菌剂25%叶枯宁可湿性粉剂100克，杀虫剂40%辛硫磷乳油100毫升，防治稻叶瘟病害。
- 始穗期每亩喷施杀菌剂75%三环唑粉剂20克，48%毒死蜱乳油100毫升防治水稻病害。

5. 滇屯502中稻机插高产栽培技术模式图

月份	3月			4月			5月			6月			7月			8月			9月		
节气	惊蛰		春分	清明		谷雨	立夏	小满		芒种		夏至	小暑		大暑	立秋	处暑		白露		秋分
主茎叶龄期			0	1	2	3	4	5	6	7	8	9	10	11	12 13 14 15						

（上／中／下为每月上旬、中旬、下旬）

产量构成	全生育期161天，有效穗20万穗/亩，每穗粒数110粒，结实率80%，千粒重31克。目标产量500~550千克/亩。
生育时期	播种期4月2日，秧田期25天，移栽期4月27日，有效分蘖期6月8日，幼穗分化始期6月22日，始穗期7月30日，齐穗期8月6日，成熟期9月10日。
茎蘖动态	移栽叶龄3.5叶，移栽茎蘖苗4万~4.5万苗/亩，拔节期茎蘖数28万苗/亩，抽穗期茎蘖数24万苗/亩，成熟期穗数20万穗/亩。
育秧	育秧采用塑盘育秧，每亩21盘，播种量3千克（干谷子）。
栽插	密度：1.39万~1.58万穴/亩，规格：株行距（14~16）厘米×30厘米，每穴栽3苗，基本苗4万~4.5万/亩。
施肥	苗肥：移栽前3~4天看苗施"送嫁肥"，用46%尿素1%~2%浓度进行浇施。基肥：移栽前3~4天，用46%尿素20千克、12%过磷酸钙40千克、50%钾肥5千克，随耙田时施用。分蘖肥：每亩施46%尿素15千克，移栽后7~10天与除草剂一起施用。穗肥：每亩施46%尿素10千克，50%钾肥5千克，幼穗分化期施用。说明：每亩施纯氮13~14千克，纯磷6~7千克，纯钾5~7千克。基蘖肥：穗氮肥为7:3。
灌溉	返青活棵期：浅水灌溉3厘米，干湿灌溉。够苗撤水晒田；拔节至抽穗期：干湿灌溉。抽穗至成熟期：干湿灌溉（以干为主）。
病虫害防治	用强氯精或施保克浸种消毒。秧苗期移栽前5天，每亩喷施杀菌剂和杀虫剂，带药下田。分蘖期每亩喷施杀菌剂40%富士一号乳油100毫升，杀虫剂70%吡虫啉散粒剂4克，防治水稻叶瘟和稻飞虱。分蘖盛期每亩喷施杀菌剂40%稻瘟灵可湿性粉剂40克，杀虫剂70%吡虫啉散粒剂4克，防治水稻叶瘟等病虫害。孕穗期每亩喷施杀菌剂40%富士一号乳油100毫升、25%噻嗪酮可湿性粉剂25克、48%毒死蜱乳油100毫升，防治水稻叶瘟、稻飞虱、稻纵卷叶螟等病虫害。始穗期每亩喷施杀菌剂75%三环唑粉剂20克、48%毒死蜱乳油100毫升防治水稻病虫害。

6. 文稻中稻手插高产栽培技术模式图[16]

月份	3月			4月			5月			6月			7月			8月			9月		
	上	中	下	上	中	下	上	中	下	上	中	下	上	中	下	上	中	下	上	中	下
节气	惊蛰	春分		清明	谷雨		立夏	小满		芒种	夏至		小暑	大暑		立秋	处暑		白露	秋分	
产量构成	全生育期170天，有效穗20万穗/亩，每穗粒数125~135粒，结实率80%，千粒重28克，目标产量550~600千克/亩。																				
生育时期	播种期4月3日，秧田期25天，移栽期4月28日，有效分蘖期6月18日，幼穗分化始期6月30日，始穗期7月30日，齐穗期8月18日，成熟期9月20日。																				
主茎叶龄期	0		1	2	3	4	5	6	7	8	9	10	11	12	13	14	15				
茎蘖动态	移栽叶龄3.5叶，移栽茎蘖苗4万~4.5万苗/亩，拔节期茎蘖数28万苗/亩，抽穗期茎蘖数24万苗/亩，成熟期穗数20万穗/亩。																				
育秧	用旱育秧，每亩（移栽大田）育秧面积15平方米，用1包壮秧剂（1.25千克）作底肥，播种量1.5千克（干谷子），秧苗带蘖。																				
栽插	密度1.85万穴/亩，规格：株行距12厘米×30厘米，每穴栽2苗，基本苗3.7万苗/亩。																				
施肥	苗肥：移栽前3~4天看苗施"送嫁肥"，用46%尿素1%~2%浓度进行浇施。 基肥：每亩施40%复合肥20千克，12%过磷酸钙20千克，随耙田时施用。 分蘖肥：每亩施46%尿素10千克，移栽后7~10天与除草剂一起施用。 穗肥：每亩施46%尿素10千克，50%钾肥5千克，幼穗分化期施用。 说明：每亩施纯氮12千克，纯磷5千克，纯钾5千克，基蘖氮肥：穗氮肥为6:4。																				
灌溉	返青活棵期：浅水灌溉3厘米；干湿灌溉。成熟期：干湿灌溉。 活棵至80%够苗叶龄期：干湿灌溉；80%够苗叶龄期至拔节期：撤水晒田；拔节至抽穗期：干湿灌溉；抽穗至成熟期：干湿灌溉。																				
病虫害防治	用强氯精或施保克浸种消毒。 秧苗期移栽前5天，喷施杀菌剂和杀虫剂，带药下田。 分蘖期每亩喷施杀菌剂40%富士一号乳油100毫升，杀虫剂70%吡虫啉散粒剂4克，防治水稻叶瘟、稻飞虱。 分蘖盛期每亩喷施杀菌剂40%稻瘟灵可湿性粉剂40克，杀虫剂70%吡虫啉散粒剂4克，防治水稻叶瘟、稻飞虱。 孕穗期每亩喷施杀菌剂40%富士一号乳油100毫升，25%噻嗪酮可湿性粉剂25克，48%毒死蜱乳油100毫升，防治水稻叶瘟、稻飞虱、稻纵卷叶螟等病虫害。 始穗期每亩喷施杀菌剂75%三环唑粉剂20克，48%毒死蜱乳油100毫升防治水稻病虫害。																				

7. 版纳糯18中稻手插高产栽培技术模式图

月份	3月			4月			5月			6月			7月			8月			9月		
	上	中	下	上	中	下	上	中	下	上	中	下	上	中	下	上	中	下	上	中	下
节气	惊蛰		春分	清明		谷雨	立夏		小满	芒种		夏至	小暑		大暑	立秋		处暑	白露		秋分
主茎叶龄期			0		1	2	3	4	5	6	7	8	9	10	11	12	13	14	15		

产量构成： 全生育期145~155天，有效穗17万~18万穗/亩，每穗粒数135~137粒，结实率73%，千粒重32克。目标产量500~550千克/亩。

生育时期： 播种期3月30日—4月20日，秧田期25~30天，移栽期4月25日—5月20日，有效分蘖期5月20日—6月15日，幼穗分化始期5月30日—6月25日，孕穗期6月15日—7月10日，齐穗期7月5日—8月30日，成熟期8月25日—9月20日。

茎蘖动态： 移栽叶龄4叶，移栽茎蘖苗3.5万苗/亩，拔节期茎蘖数26万苗/亩，抽穗期茎蘖数20万苗/亩，成熟期穗数17万~18万穗/亩。

育秧： 用旱育秧（移栽大田）育秧面积15平方米，每亩用1包壮秧剂（1.25千克）作底肥，播种量1.5千克（干谷子），秧苗带蘖。

栽插： 密度1.9万穴/亩，规格：株行距12厘米×28厘米，每穴栽2苗，基本苗3.8万苗/亩。

施肥：
- 苗肥：移栽前7天看苗施"送嫁肥"，用46%尿素1%~2%浓度进行浇施。
- 基肥：每亩施肥20千克，12%磷肥30千克，移栽前随耙田时施用。
- 分蘖肥：每亩施40%复合肥30千克，移栽前随耙田时施用。
- 分蘖肥：每亩施46%尿素10千克，复合肥10千克，移栽后10~12天施用。
- 穗肥：每亩施46%尿素5千克，50%硫酸钾5千克，幼穗分化始期施用。
- 说明：每亩施纯氮12~13千克，纯磷5千克，纯钾6千克，基蘖氮磷肥为8:2。

灌溉： 返青活棵期：浅水灌溉3厘米，活棵至80%够苗叶龄期：干湿灌溉；80%够苗叶龄期至拔节期：撤水晒田；拔节至抽穗期：干湿灌溉；抽穗至成熟期：干湿灌溉。

病虫害防治：
- 用强氯精浸种消毒。
- 秧苗期移栽前5天，喷施杀菌剂和杀虫剂，带药下田。
- 分蘖期每亩喷施杀菌剂40%富士一号乳油100毫升，杀虫剂70%吡虫啉散粒剂4克，防治稻叶瘟和稻飞虱。
- 分蘖盛期每亩喷施杀菌剂40%富士一号乳油100毫升，杀虫剂70%吡虫啉散粒剂4克，防治稻叶瘟、稻飞虱。
- 孕穗期每亩喷施杀菌剂25%叶枯宁可湿性粉剂100克，杀虫剂40%辛硫磷乳油100毫升，防治水稻病虫害。
- 始穗期每亩喷施杀菌剂75%三环唑粉剂20克，48%毒死蜱乳油100毫升防治水稻病虫害。

（三）勐腊县中稻区主导品种栽培技术模式图

1. 宜优1988 中稻手插高产栽培技术模式图

月份	3月上	3月中	3月下	4月上	4月中	4月下	5月上	5月中	5月下	6月上	6月中	6月下	7月上	7月中	7月下	8月上	8月中	8月下	9月上	9月中	9月下
节气	惊蛰		春分	清明		谷雨	立夏		小满	芒种		夏至	小暑		大暑	立秋		处暑	白露		秋分
主茎叶龄期						0	1	2	3	4	5	6	7	8	9	10	11	12	13	14	15

产量构成： 全生育期135~140天，有效穗16万~18万穗/亩，每穗粒数145~150粒，结实率80%，千粒重30克。目标产量550~600千克/亩。

生育时期： 播种期4月20日—5月10日，秧田期25~30天，移栽期5月15~25日，有效分蘖期6月20—30日，幼穗分化始期6月25—30日，孕穗期7月1—15日，齐穗期8月1—15日，成熟期8月20日。

茎蘖动态： 移栽叶龄4.0~5.0叶，苗高控制在20~25厘米以内，成熟期穗数17万~19万穗/亩，基本苗2万~3万苗/亩，拔节期茎蘖数20万~22万苗/亩，抽穗期茎蘖数19万~20万苗/亩。

育秧： 采用旱育秧，每亩（移栽大田）育秧面积15平方米，用1包壮秧剂（1.25千克）作底肥，播种量2千克，秧苗带蘖。

栽插： 密度：1.8万穴/亩，规格：株行距13厘米×28厘米，每穴栽1~2苗，基本苗2万~3万苗/亩。

施肥： 苗肥：移栽前7天看苗施"送嫁肥"，用46%尿素1%~2%浓度进行浇施。基肥：移栽前5天，每亩施45%复合肥25千克、12%过磷酸钙20~30千克，移栽前随耙田时施用，关好水防止肥料流失。分蘖肥：每亩施45%复合剂10千克、46%尿素7~10天与除草剂一起施用，好水与防止肥料流失。穗肥：每亩施46%尿素8~10千克，移栽后7~10天，幼穗分化期施用，关好水防止肥料流失。说明：每亩施纯氮13~14千克，纯磷6~7千克，纯钾4~5千克。基蘖氮肥：穗氮肥为6：4。

灌溉： 浸种确保一天换一次水。薄水移栽，浅水活棵返青，湿润促分蘖，够苗晒田，湿润促分蘖，每丛达11~12苗时前晒田，控制无效分蘖，有水扬花，足水保胎，干湿灌浆，保持土壤湿润。

病虫害防治： 秧苗期移栽前5天，每亩用40%富士一号乳油100毫升，70%吡虫啉散粒剂4克或48%毒死蜱乳油75毫升，秧苗带药下田。分蘖期每亩喷施杀菌剂40%富士一号乳油100毫升，杀虫剂70%吡虫啉散粒剂4克，防治稻叶瘟、稻飞虱、稻瘿蚊、稻秆潜蝇、稻瘟等病。分蘖盛期每亩喷施杀菌剂40%稻瘟灵可湿性粉剂40克，杀虫剂25%噻嗪酮可湿性粉剂25克，48%毒死蜱乳油70毫升、稻瘟、稻纵卷叶螟、稻飞虱等病。孕穗期每亩喷施杀菌剂40%富士一号乳油100毫升，25%噻嗪酮可湿性粉剂25克，48%毒死蜱乳油100毫升，防治稻叶瘟、稻瘟、稻纵卷叶螟等虫害。始穗期每亩喷施杀菌剂75%三环唑粉剂20克，48%毒死蜱乳油100毫升防治水稻病虫害。

2. 宜香优 2115 中稻手插高产栽培技术模式图

月份	3月			4月			5月			6月			7月			8月			9月		
	上	中	下	上	中	下	上	中	下	上	中	下	上	中	下	上	中	下	上	中	下
节气	惊蛰		春分	清明		谷雨	立夏		小满	芒种		夏至	小暑		大暑	立秋		处暑	白露		秋分
主茎叶龄期					0 1	2 3 4	5 6	7	8 9	10 11	12 13 14 15										

产量构成： 全生育期 140~145 天，有效穗 16 万穗/亩，每穗粒数 150 粒，结实率 82%，千粒重 30 克。目标产量 600 千克/亩。

生育时期： 播种期 4 月 10—20 日，秧田期 30 天，移栽期 5 月 10—20 日，成熟期 9 月 5—15 日。播种期 4 月 10—20 日，秧田期 30 天，移栽期 5 月 10—20 日，有效分蘖期 6 月 20—30 日，幼穗分化始期 7 月 1—10 日，孕穗期 7 月 10—20 日，齐穗期 7 月 30 日—8 月 10 日，成熟期 9 月 5—15 日。

茎蘖动态： 移栽叶龄 4 叶，基本苗 2 万~3 万苗/亩，拔节期茎蘖数 20 万苗/亩，抽穗期茎蘖数 22 万苗/亩，成熟期穗数 16 万穗/亩。

育秧： 采用旱育秧，每亩（移栽大田）育秧面积 15 平方米，用 1 包壮秧剂（1.25 千克）作底肥，播种量 1.5 千克，秧苗带蘖。

栽插： 密度：1.8 万穴/亩，规格：株行距 13 厘米×28 厘米，每穴栽 1~2 苗，基本苗 2 万~3 万苗/亩。

施肥：
- 基肥：每亩施复合肥 20 千克、12% 过磷酸钙 20 千克，移栽前随耙田时施用。
- 苗肥：移栽前 7 天看苗施"送嫁肥"，用 46% 尿素 1%~2% 浓度进行泼施。
- 分蘖肥：每亩施 46% 尿素 10 千克，移栽后 7~10 天与除草剂一起施用。
- 穗肥：每亩施复合肥 10 千克、46% 尿素 10 千克，幼穗分化期施用。
- 说明：每亩施纯氮 11~12 千克、纯磷 6 千克、纯钾 4 千克，基蘖肥：穗氮肥为 6:4。

灌溉： 薄水移栽，浅水活棵返青，湿润促分蘖，够苗晒田，每丛达 11~12 苗时晒田，控制无效分蘖，有水扬花，足水保胎，干湿灌浆，保持土壤湿润，收获前 10 天断水。

病虫害防治：
- 浸种确保一天换一次以上的水。
- 秧苗期移栽前 5 天，富士一号 100 毫升、70% 吡虫啉散粒剂 4 克喷施，秧苗带药下田。
- 分蘖期每亩喷施杀菌剂 40% 富士一号乳油 100 毫升、杀虫剂 70% 吡虫啉散粒剂 4 克，防治水稻叶瘟、稻蓟马、稻飞虱等虫害。
- 分蘖盛期每亩喷施杀菌剂 40% 稻瘟灵可湿性粉剂 40 克，杀虫剂 48% 毒死蜱乳油 100 毫升，防治水稻叶瘟、稻飞虱等虫害。
- 孕穗期每亩喷施杀菌剂 40% 稻瘟灵油 100 毫升、48% 毒死蜱乳油 100 毫升，防治稻叶瘟、稻纵卷叶螟等虫害。
- 始穗期每亩喷施杀菌剂 75% 三环唑粉剂 20 克、48% 毒死蜱乳油 100 毫升防治水稻病虫害。

3. 宜香725中稻手插高产栽培技术模式图

月份	3月			4月			5月			6月			7月			8月			9月		
	上	中	下	上	中	下	上	中	下	上	中	下	上	中	下	上	中	下	上	中	下
节气	惊蛰		春分	清明		谷雨	立夏		小满	芒种		夏至	小暑		大暑	立秋		处暑	白露		秋分

产量构成： 全生育期125~135天，有效穗16万~18万穗/亩，每穗粒数145~150粒，结实率80%，千粒重29克。目标产量530~620千克/亩。

生育时期： 播种期4月20日~5月10日，秧田期25~30天，移栽期5月15~25日，有效分蘖期6月20~30日，幼穗分化始期6月25~30日，孕穗期7月1~15日，齐穗期8月1~15日，成熟期9月1~15日。

主茎叶龄期： 0 1 2 3 4 5 6 7 8 9 10 11 12 13 14 15

茎蘖动态： 移栽叶龄4.0~5.0叶，苗高控制在20~25厘米以内，基本苗2万~3万苗/亩，成熟期穗数16万~18万苗/亩，拔节期茎蘖数20万~22万苗/亩，抽穗期茎蘖数19万~20万苗/亩，靠桶也靠发。

育秧： 采用旱育秧，每苗（移栽大田）育秧面积15平方米，播种量2千克（以露白芽合计），用1包壮秧剂（1.25千克）作底肥，秧苗带蘖。

栽插： 密度：1.8万~2.0万穴/亩，规格：株行距（13~15）厘米×25厘米，每穴栽1~2苗，基本苗2万~3万苗/亩。

施肥：
苗肥：移栽前7天看苗施"送嫁肥"，用46%尿素1%~2%浓度进行浇施。
基肥：移栽前肥肥25千克、12%过磷酸钙20~30千克，移栽前随耙田时施用。
分蘖肥：每亩施45%复合肥25千克、46%尿素10千克，移栽后7~10天与除草剂一起施用。
穗肥：每亩施45%复合肥8~10千克、46%尿素7~10千克，幼穗分化期施用。
说明：每亩施纯氮13~14千克，纯磷6~7千克，纯钾4~5千克，基磷氮肥为6:4，穗氮肥为6:4。

灌溉： 薄水移栽，浅水活棵返青，湿润促分蘖，够苗晒田，足水保胎，有水扬花，干湿灌浆，保持土壤湿润，收获前10天断水。

病虫害防治：
浸种确保一天换一次以上的水。
秧苗期移栽前5天，40%富士一号乳油100毫升、70%吡虫啉4克喷施或3%乐尔颗粒剂1.5千克，秧苗带药下田。
分蘖期每亩喷施杀菌剂40%富士一号乳油100毫升、杀虫剂70%吡虫啉4克或48%毒死蜱乳油75毫升，防治稻叶瘟、稻飞虱、稻瘿蚊、稻秆潜蝇等病虫害。
分蘖盛期每亩喷施杀菌剂40%稻瘟灵乳油100毫升、杀虫剂25%噻嗪酮可湿性粉剂25克、48%毒死蜱乳油25克，防治水稻叶瘟、稻飞虱、稻纵卷叶螟等病虫害。
孕穗期每亩喷施杀菌剂40%稻瘟灵乳油100毫升、25%噻嗪酮可湿性粉剂25克、48%毒死蜱乳油25克，防治稻叶瘟、稻飞虱、稻纵卷叶螟等虫害。
始穗期每亩喷施三环唑粉剂20克，48%毒死蜱乳油100毫升防治水稻病虫害。

4. 渝香203中稻手插高产栽培技术模式图

月份	3月			4月			5月			6月			7月			8月			9月		
	上	中	下	上	中	下	上	中	下	上	中	下	上	中	下	上	中	下	上	中	下
节气	惊蛰		春分	清明		谷雨	立夏		小满	芒种		夏至	小暑		大暑	立秋		处暑	白露		秋分
产量构成	全生育期145天，有效穗16万穗/亩，每穗粒数155粒，结实率79%，千粒重28克。目标产量550千克/亩。																				
生育时期	播种期4月10—20日，秧田期30天，齐穗期7月30日—8月10日，成熟期9月10—15日。						移栽期5月10—20日，有效分蘖期5月10—20日，幼穗分化始期6月20—30日，幼穗分化始期7月1—10日，孕穗期7月10—20日。														
主茎叶龄期						0	1	2	3	4	5	6	7 8 9	10 11	12 13 14 15						
茎蘖动态	移栽叶龄4~5叶，基本苗3.6万~4万苗/亩，拔节期茎蘖数21万苗/亩，抽穗期茎蘖数19万苗/亩，成熟期穗数16万穗/亩。																				
育秧	采用旱育秧，每亩（移栽大田）育秧面积15平方米，用1包壮秧剂（1.25千克）作底肥。播种量1.5千克，秧苗带蘖。																				
栽插	密度：1.8万~2.0万穴/亩，规格：株行距（12~13）厘米×（25~26）厘米，每穴栽2苗，基本苗3.6万~4万苗/亩。																				
施肥	苗肥：移栽前7天看苗施"送嫁肥"，用46%尿素1%~2%浓度进行浇施。			基肥：每亩施复合肥20千克，12%过磷酸钙20千克，移栽前随耙田时施用。			分蘖肥：每亩施46%尿素10千克，移栽后7~10天与除草剂一起施用。			穗肥：每亩施复合肥10千克，46%尿素10千克，幼穗分化期施用。			说明：每亩施纯氮11~12千克，纯磷6千克，纯钾4千克。基蘖氮肥：穗氮肥为6：4。								
灌溉	科学管水，薄水移栽，浅水促蘖，够苗及时晒田，孕穗抽穗期保持浅水层，灌浆结实期干湿交替，后期切忌断水过早。																				
病虫害防治	浸种确保一天换一次水以上的水。			秧苗期移栽前5天，40%富士一号乳油100毫升，70%吡虫啉散粒剂4克喷施，秧苗带药下田。			分蘖期每亩喷施40%富士一号乳油100毫升，70%吡虫啉散粒剂4克防治稻叶瘟、稻秆潜蝇、稻飞虱。			分蘖盛期每亩喷施杀菌剂40%稻瘟灵可湿性粉剂40克，杀虫剂70%吡虫啉散粒剂4克，防治稻叶瘟、稻飞虱、稻蓟蝼蚁、稻飞虱。			孕穗期每亩喷施杀菌剂40%富士一号乳油100毫升，48%毒死蜱乳油100毫升，防治稻叶瘟、稻纵卷叶螟等病虫害。			始穗期每亩喷施杀菌剂75%三环唑粉剂20克，48%毒死蜱乳油100毫升防治水稻病虫害。					

三、晚稻主导品种栽培技术模式图[1]

(一) 景洪市晚稻主导品种栽培技术模式图

1. 两优 2186 晚稻手插高产栽培技术模式图

月份	6月			7月			8月			9月			10月			11月			12月		
	上	中	下	上	中	下	上	中	下	上	中	下	上	中	下	上	中	下	上	中	下
节气	芒种		夏至	小暑		大暑	立秋		处暑	白露		秋分	寒露		霜降	立冬		小雪	大雪		冬至
产量构成	全生育期 125～130 天，有效穗 16 万穗/亩，每穗粒数 130～135 粒，结实率 80%，千粒重 30 克。目标产量 500～520 千克/亩。																				
生育时期	播种期 6 月 10—15 日，秧田期 25～30 天，移栽期 7 月 1—5 日，有效分蘖期 7 月 10—20 日，幼穗分化始期 8 月 10—15 日，孕穗期 8 月 20 日—9 月 5 日，齐穗期 9 月 10—15 日，成熟期 10 月 15—20 日。																				
主茎叶龄期	0 1 2 3 4			5	6	7 8 9 10 11 12	13	14	15												
茎蘖动态	移栽叶龄 3.5～4 叶，移栽茎蘖苗 4 万～6 万苗/亩，移栽茎蘖数 4 万～6 万苗/亩，拔节期茎蘖数 20 万苗/亩，抽穗期茎蘖数 18 万苗/亩，成熟期穗数 16 万穗/亩，生育期较短，靠发为主。																				
育秧	采用旱育秧，每亩（移栽大田）育秧面积 15 平方米，用 1 包壮秧剂（1.25 千克）作底肥，播种量 2 千克（以露白芽合计），每亩用旱育保姆 100 克拌土 5 千克撒施。																				
栽插	密度：2 万穴/亩，规格：株行距 13 厘米×25 厘米，每穴栽 2～3 苗，基本苗 4 万～6 万苗/亩。																				

（续表）

月份	6月			7月			8月			9月			10月			11月			12月		
	上	中	下	上	中	下	上	中	下	上	中	下	上	中	下	上	中	下	上	中	下
施肥	苗肥：移栽前7天看苗施"送嫁肥"，用46%尿素1%～2%浓度进行泼施。			基肥：每亩施10～15千克复合肥，14%移栽前随耙田时施用。过磷酸钙20千克移栽前随耙田时施用。						分蘖肥：每亩施46%尿素10千克，移栽后7～10天与除草剂一起施用。			穗肥：酌情每亩施40%～45%复合肥10千克，46%尿素5～10千克，幼穗分化期施用。			说明：每亩施纯氮12～13千克，纯磷5～6千克，纯钾3～4千克。基氮肥为6：4。穗氮肥：穗氮肥为6：4。					
灌溉	薄水移栽，浅水活苗活返青，湿润分蘖，当分蘖数达9～10苗/丛时晒田，控制无效分蘖，放水后保湿润灌溉，抽穗至成熟期，干湿灌溉（以干为主）。																				
病虫害防治	浸种并确保一天换一次以上的水。秧苗期移栽前5天，喷施杀菌剂和杀虫剂，带药下田。						分蘖期每亩用杀菌剂40%富士一号乳油100毫升，杀虫剂25%噻嗪酮可湿性粉剂25克，防治水稻叶瘟、稻飞虱等病虫害。			分蘖盛期每亩用杀虫剂70%吡虫啉散粒剂4克，防治稻飞虱等病虫害。			孕穗期每亩用杀菌剂40%富士一号乳油100毫升，杀虫剂25%噻嗪酮可湿性粉剂25克、48%毒死蜱乳油100毫升，防治水稻叶瘟、稻纵卷叶螟等病虫害。			始穗期用杀菌剂75%三环唑粉剂20克、硫酸农用链霉素粉剂10克、杀虫剂40%辛硫磷乳油100毫升防治水稻白叶枯病、稻纵卷叶螟等病虫害。					

2. 宜香1979晚稻手插高产栽培技术模式图

月份	6月			7月			8月			9月			10月			11月			12月		
	上	中	下	上	中	下	上	中	下	上	中	下	上	中	下	上	中	下	上	中	下
节气	芒种		夏至	小暑		大暑	立秋		处暑	白露		秋分	寒露		霜降	立冬		小雪	大雪		冬至
主茎叶龄期			0	1	2	3	4	5	6	7	8	9	10	11	12	13	14	15			

产量构成： 全生育期125~130天，有效穗16万穗/亩，每穗粒数125~135粒，结实率80%，千粒重29克。目标产量450~500千克/亩。

生育时期： 播种期6月10—15日，秧田期25~30天，移栽期7月1—5日，有效分蘖期7月10—20日，幼穗分化始期8月10—15日，孕穗期8月20日—9月5日，齐穗期9月10—15日，成熟期10月15—20日。

茎蘖动态： 移栽叶龄3.5~4叶，苗高控制在20~25厘米，移栽茎蘖苗4万~6万苗/亩，拔节期茎蘖数20万苗/亩，抽穗期茎蘖数18万苗/亩，成熟期穗数16万穗/亩，生育期短，靠发为主。

育秧： 采用旱育秧（移栽大田）育秧面积15平方米，用1包壮秧剂（1.25千克）作底肥，播种量2千克/亩，每亩用旱育保姆100克拌土5千克撒施。

栽插： 密度2万穴/亩，规格：株行距13厘米×25厘米，每穴栽2~3苗，基本苗4万~6万苗/亩。

施肥：
- 苗肥：移栽前7天看苗施"送嫁肥"，用46%尿素1%~2%浓度进行浇施。
- 基肥：每亩施复合肥10~15千克，14%过磷酸钙20千克，移栽前随耙田时施用，防止肥料流失。
- 分蘖肥：每亩施46%尿素10千克，移栽后7~10天与除草剂一起施用，好水与防止药剂流失，控草很关键。
- 穗肥：酌情每亩施40%~45%复合肥10千克，移栽后7~10天，幼穗分化期使用，关好水防止肥料流失。
- 穗肥：酌情每亩施45%复合肥10千克，46%尿素5~10千克，穗分化期施肥料，止肥料流失。
- 说明：每亩施纯氮12~13千克，纯磷5~6千克，纯钾3~4千克，基蘖氮肥：穗氮肥为6：4。促早发株。

灌溉： 薄水移栽，浅水活苗返青，蜡熟期以湿为主，以湿湿交替，蜡熟阶段干湿交替，当分蘖数达9~10苗/丛时晒田，湿润分蘖，控制无效分蘖，以干为主，收割前10天排干田水。抽穗扬花浅水层，灌浆阶段干湿交替，放水后保湿润灌溉。

病虫害防治：
- 浸种并确保一天换一次以上的水。
- 秧苗期移栽前5天喷施杀菌剂和杀虫剂，带药下田。
- 分蘖期每亩用杀菌剂40%富士一号乳油100毫升，杀虫剂25%噻嗪酮可湿性粉剂25克，防治水稻叶瘟、稻飞虱等病虫害。
- 分蘖盛期每亩用杀虫剂70%吡虫啉水散粒剂4克，稻飞虱等病虫害。
- 孕穗期每亩用杀菌剂40%富士一号乳油100毫升，25%噻嗪酮可湿性粉剂25克，2%阿维菌素4克，48%毒死蜱乳油100毫升，防治稻叶瘟、稻飞虱、稻纵卷叶螟等病虫害。
- 始穗期用杀菌剂75%三环唑粉剂20克，硫酸农用链霉粉剂10克，杀虫剂40%辛硫磷乳油100毫升防治水稻白叶枯病、稻纵卷叶螟等病虫害。

3. 宜优1988 晚稻机插秧高产栽培技术模式图

月份	6月			7月			8月			9月			10月			11月			12月		
	上	中	下	上	中	下	上	中	下	上	中	下	上	中	下	上	中	下	上	中	下
节气	芒种		夏至	小暑		大暑	立秋		处暑	白露		秋分	寒露		霜降	立冬		小雪	大雪		冬至

产量构成：全生育期125~130天，有效穗17万~18万穗/亩，每穗粒数125~135粒，结实率80%，千粒重27克。目标产量450~520千克/亩。

生育时期：播种期6月10—15日，秧田期25~30天，移栽期7月1—5日，有效分蘖7月10—20日，幼穗分化始期8月10—15日，孕穗期8月20日—9月5日，齐穗期9月10—15日，成熟期10月15—20日。

主茎叶龄期：0 1 2 3 4 5 6 7 8 9 10 11 12 13 14 15

茎蘖动态：移栽叶龄4~5叶，苗高控制在15~20厘米以内，移栽穴数1.7万穴/亩，基本苗5万~6万苗/亩，拔节期茎蘖数22万~25万苗/亩，抽穗期茎蘖数20万~22万苗/亩，成熟期有效穗数17万~18万穗/亩。

育秧：育秧采用塑料软盘或者硬盘旱育秧，每盘（移栽大田）用育秧盘20个，用45%三元素复合肥2.5千克与育秧土混合作底肥，播种量2.5千克（以露白芽谷计），80~100克旱育保姆浴水10千克淋秧盘育矮壮种苗。

栽插：密度：1.7万穴/亩穴以上，规格：株行距13厘米×30厘米，每穴栽3~4苗，基本苗5万~6万苗/亩。

施肥：
- 苗肥：移栽前7天看苗施"送嫁肥"，用46%尿素1%~2%浓度进行浇施。
- 基肥：每亩施复合肥10~15千克，14%过磷酸钙20千克，移栽前随耙田时施用。
- 分蘖肥：每亩施46%尿素10千克，移栽后7~10天与除草剂一起施用，控草很关键。
- 穗肥：酌情每亩施40%~45%复合肥10千克，46%尿素5~10千克，幼穗分化期施用。
- 说明：每亩施纯氮12~13千克，纯磷5~6千克，纯钾3~4千克。基蘖氮肥：穗氮肥为6：4。

灌溉：薄水移栽防漂秧，湿润分蘖，够苗晒田，当分蘖数达9~10苗/丛时晒田，控制无效分蘖，中期干干湿湿，以湿为主，幼穗分化阶段要灌溉好养胎水，扬花灌浆阶段可以干花湿润，保持土壤湿润，收获前10天断水。

病虫害防治：
- 浸种并确保一天换一次以上的水。
- 秧苗期移栽前5天，喷施杀菌剂和杀虫剂，带药下田。
- 分蘖期每亩用杀菌剂40%富士一号乳油100毫升，杀虫剂25%噻嗪酮可湿性粉剂25克，防治水稻叶瘟、稻飞虱等病虫害。
- 分蘖盛期每亩用杀虫剂70%吡虫啉散粒剂4克，防治稻飞虱等病虫害。
- 孕穗期每亩用杀菌剂40%富士一号乳油100毫升，杀虫剂25%噻嗪酮可湿性粉剂25克，48%毒死蜱乳油100毫升，防治稻叶瘟、稻飞虱，稻纵卷叶螟等。
- 始穗期用杀菌剂75%三环唑粉剂20克，硫酸农用链霉素粉剂10克，杀虫剂40%辛硫磷乳油100毫升防治水稻稻病虫害。

4. 宜香 2239 晚稻机插秧高产栽培技术模式图

月份	6月			7月			8月			9月			10月			11月			12月		
	上	中	下	上	中	下	上	中	下	上	中	下	上	中	下	上	中	下	上	中	下
节气	芒种		夏至	小暑		大暑	立秋		处暑	白露		秋分	寒露		霜降	立冬		小雪	大雪		冬至
主茎叶龄期				0 1 2 3	4 5	6	7	8 9 10 11	12	13	14 15										

产量构成： 全生育期125~130天，有效穗17万~18万穗/亩，每穗粒数125~135粒，结实率80%，千粒重27克，目标产量450~520千克/亩。

生育时期： 播种期6月10—15日，秧田期25~30天，移栽期7月1—5日，有效分蘖期7月10—20日，幼穗分化始期8月10—15日，孕穗期8月20日—9月5日，齐穗期9月10—15日，成熟期10月15—20日。

茎蘖动态： 移栽叶龄4~5叶，苗高控制在15~20厘米以内，移栽穴数1.7万穴/亩，基本苗5万~6万苗/亩，拔节期茎蘖数20万苗/亩，抽穗期茎蘖数18万苗/亩，成熟期有效穗数17万穗/亩。晚稻生育期短，靠插为主。

育秧： 育秧采用塑料软盘旱育秧或者硬盘旱育秧，每亩（移栽大田）用育秧盘20个，用45%三元素复合肥2.5千克与育秧土混合作底肥，播种量2.5千克（以露白芽谷计），80~100克旱育保姆溶水10千克浸种育秧防止烂秧。

栽插： 密度：1.7万穴/亩以上，规格：株行距13厘米×30厘米，每穴栽3~4苗，基本苗5万~6万苗/亩，田水不宜过深，防止漂秧。

施肥： 苗肥：移栽前7天看苗施"送嫁肥"，用46%尿素1%~2%浓度进行浇施。基肥：移栽前复合肥10~15千克，过磷酸钙20千克，移栽前随耙田时施用。分蘖肥：每亩施40%~45%复合肥10~15千克，14%，移栽后，移栽天与除草剂一起施用。分蘖肥：每亩施尿素10千克，移栽后5~10天与除草剂一起施用，除草很关键。穗肥：每亩施40%~45%复合肥10千克，46%尿素，移栽后7~10天，幼穗分化期施用。说明：每亩施纯氮12~13千克，纯磷5~6千克，纯钾3~4千克，基穗氮肥为6:4。

灌溉： 薄水移栽防漂秧，湿润分蘖，够苗晒田，当分蘖数达9~10苗/丛时晒田，控制无效分蘖，以湿为主，幼穗分化阶段要灌好养胎水，扬花灌浆阶段可以干花湿润，保持土壤湿润，收获前10天断水。中期干湿湿，以湿为主。

病虫害防治： 浸种并确保一天换一次以上的水。秧苗期移栽前5天，喷施杀菌剂和杀虫剂，带药下田。分蘖期每亩用杀菌剂40%富士一号乳油100毫升，杀虫剂25%噻嗪酮可湿性粉剂25克，防治水稻叶瘟、稻飞虱等病虫害。分蘖盛期每亩用杀虫剂70%吡虫啉可湿性粉剂10克，48%毒死蜱乳油100毫升，防治稻飞虱等病虫害。孕穗期每亩用杀菌剂40%富士一号乳油100毫升，25%噻嗪酮可湿性粉剂25克，48%毒死蜱乳油100毫升，防治稻叶瘟、稻飞虱、稻纵卷叶螟等。始穗期用杀菌剂75%三环唑粉剂20克，硫酸农用链霉素粉剂10克，杀虫剂40%辛硫磷乳油100毫升防治水稻病虫害。

5. 宜香 3003 晚稻机插秧高产栽培技术模式图

项目	6月上	6月中	6月下	7月上	7月中	7月下	8月上	8月中	8月下	9月上	9月中	9月下	10月上	10月中	10月下	11月上	11月中	11月下	12月上	12月中	12月下
节气	芒种		夏至	小暑		大暑	立秋		处暑	白露		秋分	寒露		霜降	立冬		小雪	大雪		冬至
产量构成	全生育期 125~130 天，有效穗 17 万~18 万穗/亩，每穗粒数 125~135 粒，结实率 80%，千粒重 27 克。目标产量 450~520 千克/亩。																			
生育时期	播种期 6 月 10—15 日，秧田期 25~30 天，移栽期 7 月 1—5 日，有效分蘖始期 7 月 10—20 日，幼穗分化始期 8 月 10—15 日，孕穗期 8 月 20 日—9 月 5 日，齐穗期 9 月 10—15 日，成熟期 10 月 15—20 日。																			
主茎叶龄期	0 1 2 3 4 5 6 7 8 9 10 11 12 13 14 15																			
茎蘖动态	移栽叶龄 4~5 叶，苗高控制在 15~20 厘米以内，移栽穴数 1.7 万/亩，基本苗 5 万~6 万苗/亩，拔节期茎蘖数 20 万苗/亩，抽穗期茎蘖数 18 万苗/亩，成熟期有效穗数 17 万穗/亩。晚稻生育期短，掌插为主。																			
育秧	育秧采用塑料软盘或者硬盘旱育秧，每亩（移栽大田）用育秧盘 20 个，用 45%三元素复合肥 2.5 千克与育秧土混合作底肥，播种量 2.5 千克（以露白芽谷计），80~100 克早育保姆溶水 10 千克淋秧盘育接壮秧。防止漂秧。																			
栽插	密度：1.7 万/亩以上，规格：株行距 13 厘米×30 厘米，每穴栽 3~4 苗，基本苗 5 万~6 万苗/亩。田水不宜过深，防止漂秧。																			
施肥	苗肥：移栽前 7 天看苗施"送嫁肥"，用 46%尿素 1%~2%浓度进行浇施。			基肥：每亩施复合肥 10~15 千克，过磷酸钙 20 千克，移栽前随耙田时施用。			每亩施 40%~45%复合肥 10~15 千克，14%移栽 20 千克，移栽前随耙田时施用。			分蘖肥：每亩施 46%尿素 10 千克，移栽后 7~10 天与除草剂一起施用，是除草关键。			每亩施 40%~45%复合肥 7~10 千克。			穗肥：每亩施复合肥 10 千克，移栽后 46%尿素 5~10 千克。幼穗分化期施用。			说明：每亩施纯氮 12~13 千克，纯磷 5~6 千克，纯钾 3~4 千克，基蘖氮肥：穗氮肥为 6:4。		
灌溉	薄水移栽防漂秧、湿润分蘖，够苗晒田，当分蘖数达 9~10 苗/丛时晒田，控制无效分蘖，保持土壤湿润。中期干湿湿，以湿为主，幼穗分化阶段要灌好养胎水，扬花灌浆阶段可以干花湿籽，收获前 10 天断水。																			
病虫害防治	浸种并确保一天换一次以上的水。			秧苗期移栽前 5 天，喷施杀菌剂和杀虫剂，带药下田。			分蘖期每亩用杀菌剂 40%富士一号乳油 100 毫升，杀虫剂 25%噻嗪酮可湿性粉剂 25 克，防治水稻叶瘟、稻飞虱等病虫害。			分蘖盛期每亩用杀虫剂 70%吡虫啉散粒剂 4 克，防治稻飞虱等病虫害。			孕穗期每亩用杀菌剂 40%富士一号乳油 100 毫升，杀虫剂 25%噻嗪酮可湿性粉剂 25 克，48%毒死蜱乳油 100 毫升，防治稻叶瘟、稻飞虱、稻纵卷叶螟等病。			始穗期用杀菌剂 75%三环唑粉剂 20 克，硫酸农用链霉素杀虫剂 10 克，40%辛硫磷乳油 100 毫升防治水稻稻病、稻飞虱等虫害。		

（二）勐海县晚稻区主导品种栽培技术模式图

1. 文稻晚晚稻高产栽培技术模式图

月份	6月 上	6月 中	6月 下	7月 上	7月 中	7月 下	8月 上	8月 中	8月 下	9月 上	9月 中	9月 下	10月 上	10月 中	10月 下	11月 上	11月 中	11月 下	12月 上	12月 中	12月 下
节气	芒种		夏至	小暑		大暑	立秋		处暑	白露		秋分	寒露		霜降	立冬		小雪	大雪		冬至

产量构成： 全生育期145~155天，有效穗17万~18万穗/亩，每穗粒数125~135粒，结实率75%~80%，千粒重28克。目标产量450~500千克/亩。

生育时期： 播种期6月15—20日，秧田期25~30天，移栽期7月10—20日，齐穗期10月1—10日，成熟期11月5—15日。有效分蘖期7月30日—8月10日，幼穗分化始期8月10—20日，孕穗期9月5—15日。

主茎叶龄期： 0 1 2 3 4 5 6 7 8 9 10 11 12 13 14 15

茎蘖动态： 移栽叶龄3.5~4叶，移栽茎蘖苗3.5万~4万/亩，拔节期茎蘖数27万~28万苗/亩，抽穗期茎蘖数20万~21万苗/亩，成熟期穗数17万~18万/亩。

育秧： 采用旱育秧，每亩（移栽大田）育秧面积15平方米，用1包壮秧剂（1.25千克）作底肥，播种量1.5千克（干谷子）/亩。秧苗带叶。

栽插： 密度：1.8万~2万穴/亩，规格：株行距（12~13）厘米×（28~30）厘米，每穴插2苗，基本苗3.5万~4万苗/亩。

施肥：
- 苗肥：移栽前7天看苗施肥"送嫁肥"，用46%尿素1%~2%浓度进行浇施。
- 基肥：每亩施32%复合肥20千克、14%过磷酸钙20千克和46%尿素5~10千克，把田时施用。
- 分蘖肥：每亩施46%尿素10千克，移栽后7~10天与除草剂一起施用。
- 穗肥：每亩施46%尿素5千克，幼穗分化期施用。
- 说明：每亩施纯氮10~13千克，纯磷6~7千克，纯钾3~4千克。基蘖氮肥：穗氮肥为7:3。

灌溉： 薄水移栽，浅水活苗返青，湿润分蘖，当分蘖数达9~10苗/丛时晒田，控制无效分蘖，以湿为主，湿润灌溉，抽穗扬花浅水层，灌浆阶段干湿交替，以湿为主，蜡熟期干湿交替，收割前10天排干田水。放水后保湿润灌溉，灌浆阶段干湿交替。

病虫害防治：
- 用强氯精或施保克浸种消毒。
- 秧苗期移栽前5天，喷施杀菌剂和杀虫剂，带药下田。
- 分蘖期每亩用杀菌剂40%富士一号乳油100毫升，杀虫剂25%噻嗪酮可湿性粉剂25克，防治水稻叶瘟、稻飞虱等病虫害。
- 分蘖盛期每亩用杀菌剂40%稻瘟灵100毫升，杀虫剂25%噻嗪酮可湿性粉剂25克，70%吡虫啉散粒剂4克，防治水稻叶瘟、稻飞虱等病虫害。
- 孕穗期每亩用杀菌剂40%富士一号乳油100毫升，25%噻嗪酮可湿性粉剂25克，48%毒死蜱乳油100毫升，稻飞虱、稻瘟、稻叶瘟、稻纵卷叶螟等病虫害。
- 始穗期用杀菌剂75%三环唑粉剂20克，杀虫剂40%辛硫磷乳油100毫升防治水稻病虫害。

2. 滇屯502 晚稻手插高产栽培技术模式图

月份	6月			7月			8月			9月			10月			11月			12月		
	上	中	下	上	中	下	上	中	下	上	中	下	上	中	下	上	中	下	上	中	下
节气	芒种		夏至	小暑		大暑	立秋		处暑	白露		秋分	寒露		霜降	立冬		小雪	大雪		冬至
产量构成	全生育期163天，有效穗17万~18万穗/亩，每穗粒数110~120粒，结实率75%~80%，千粒重30克。目标产量400~450千克/亩。																				
生育时期	播种期6月16日，秧田期24~26天，移栽期7月8~10日，有效分蘖期7月28~30日，幼穗分化始期8月25~30日，始穗期9月20~25日，齐穗期9月25—30日，成熟期10月25—30日。																				
主茎叶龄期			0	1	2	3	4	5	6	7	8	9	10	11	12	13	14	15			
茎蘖动态	移栽叶龄3.5叶，移栽茎蘖苗4万~4.5万苗/亩，拔节期茎蘖数25万~26万苗/亩，抽穗期茎蘖数20万苗/亩，成熟期穗数17万~18万穗/亩。																				
育秧	采用旱育秧，每亩（移栽大田）育秧面积15平方米，用1包壮秧剂（1.25千克）作底肥，播种量1.5千克（干谷子），秧苗带叶。																				
栽插	密度：1.6万~1.8万穴/亩，规格：株行距（13~14）厘米×（28~30）厘米，每穴栽2苗，基本苗3万~3.5万苗/亩。																				
施肥	苗肥：移栽前7天看苗施"送嫁肥"，用46%尿素1%~2%浓度进行浇施。		基肥：每亩施复合肥20千克、过磷酸钙20千克、46%尿素5千克、50%钾肥5千克，移栽前随耙田时施用。			分蘖肥：每亩施46%尿素10千克，移栽后7~10天与除草剂一起施用。			说明：每亩施纯氮10千克、纯磷5千克、纯钾5千克。基蘖氮肥：穗氮肥为10：0。												
灌溉	返青活棵期：浅水灌溉3厘米；活棵期：干湿灌溉（以干为主）。			返青活棵期：浅水灌溉3厘米；活棵至80%够苗叶龄期：干湿灌溉；80%够苗叶龄期：干湿灌溉；活棵至拔节期：撤水晒田；拔节至抽穗期：干湿灌溉；抽穗至成熟期：干湿灌溉。																	
病虫害防治	用强氯精或施保克浸种消毒。		秧苗期移栽前5天，喷施杀菌剂和杀虫剂，带药下田。			分蘖期每亩喷施一号土一号乳油40毫升，杀虫剂70%吡虫啉散粒剂4克，防治稻叶瘟和稻飞虱。			分蘖期每亩喷施杀菌剂40%稻瘟灵可湿性粉剂40克，杀虫剂70%吡虫啉散粒剂20克，防治水稻叶瘟等病虫害。			分蘖盛期每亩喷施杀菌剂40%稻瘟灵可湿性粉剂25%噻嗪酮25克，48%毒死蜱乳油100毫升，防治水稻叶瘟、稻飞虱、稻纵卷叶螟等虫害。			孕穗期每亩喷施杀菌剂40%富士一号乳油100毫升，农用链霉素杀菌剂20克，48%毒死蜱乳油100毫升，防治水稻叶瘟、稻飞虱、稻纵卷叶螟等病虫害。			始穗期每亩喷施杀菌剂75%三环唑粉剂20克，48%毒死蜱乳油100毫升防治水稻病虫害。			

3. 香文稻机插晚稻高产栽培技术模式图

月份	6月上	6月中	6月下	7月上	7月中	7月下	8月上	8月中	8月下	9月上	9月中	9月下	10月上	10月中	10月下	11月上	11月中	11月下	12月上	12月中	12月下
节气	芒种		夏至	小暑		大暑	立秋		处暑	白露		秋分	寒露		霜降	立冬		小雪	大雪		冬至
产量构成	全生育期163天，有效穗18万穗/亩，每穗粒数120粒，结实率75%，千粒重30克。目标产量450千克/亩。																				
生育时期	播种期6月3日，秧田期20天，移栽期6月23日，有效分蘖期7月30日，幼穗分化始期9月10日，始穗期10月10日，齐穗期10月15日，成熟期11月17日。																				
主茎叶龄期	0 1 2	3	4	5	6	7	8	9	10	11	12	13	14	15							
茎蘖动态	移栽叶龄3.5叶，移栽茎蘖4万~4.5万苗/亩，拔节期茎蘖数25万苗/亩，抽穗期茎蘖数20万苗/亩，成熟期穗数18万穗/亩。																				
育秧	育秧采用塑盘育秧，每亩21盘，播种量3千克（干谷子）。																				
栽插	密度：1.39万穴/亩，株行距16厘米×30厘米，每穴栽3苗，基本苗4万~4.5万苗/亩。																				
施肥	苗肥：移栽前7天看苗施"送嫁肥"，用46%尿素1%~2%浓度进行浇施。基肥：每亩施复合肥20千克、14%过磷酸钙40千克、46%尿素5千克、50%钾肥5千克，移栽前随耙田时施用。分蘖肥：每亩施46%尿素10千克，移栽后7~10天与除草剂一起施用。说明：每亩施纯氮10千克、纯磷7~8千克、纯钾5~7千克。基蘖氮肥为10：0。穗氮肥为10：0。																				
灌溉	返青活棵期：浅水灌溉3厘米，干湿灌溉（以干为主）。活棵至80%够苗叶龄期：干湿灌溉；80%够苗叶龄期至拔节期：撤水晒田；拔节至抽穗期：干湿灌溉；抽穗至成熟期：干湿灌溉。																				
病虫害防治	用强氯精或施保克浸种消毒。秧苗期移栽前5天，喷施杀菌剂和杀虫剂，带药下田。分蘖期每亩喷施杀菌剂40%富士一号乳油100毫升、杀虫剂70%吡虫啉散粒剂4克，防治水稻叶瘟和稻飞虱。分蘖盛期每亩喷施杀菌剂40%稻瘟灵可湿性粉剂40克、杀虫剂70%吡虫啉散粒剂4克，防治水稻叶瘟等病虫害。孕穗期每亩喷施杀菌剂40%富士一号乳油100毫升、农霉素杀菌剂20克、杀虫剂25%噻嗪酮可湿性粉剂25克、48%毒死蜱乳油100毫升，防治水稻叶瘟、稻飞虱、稻纵卷叶螟等病虫害。始穗期每亩喷施杀菌剂75%三环唑粉剂20克、48%毒死蜱乳油100毫升防治水稻病害。																				

（三）勐腊县晚稻区主导品种栽培技术模式图

1. 明两优 527 晚稻手插高产栽培技术模式图

月份	6月			7月			8月			9月			10月			11月			12月		
	上	中	下	上	中	下	上	中	下	上	中	下	上	中	下	上	中	下	上	中	下
节气	芒种		夏至	小暑		大暑	立秋		处暑	白露		秋分	寒露		霜降	立冬		小雪	大雪		冬至

产量构成：全生育期 140~148 天，有效穗 15 万~17 万穗/亩，每穗粒数 150 粒，结实率 80%，千粒重 28.4 克，目标产量 500~570 千克/亩。

生育时期：播种期 5 月 1—25 日，秧田期 24~27 天，移栽期 5 月 25 日—6 月 21 日，有效穗分蘖期 6 月 1 日—7 月 12 日，幼穗分化始期 6 月 20 日—7 月 22 日，孕穗期 7 月 1 日—8 月 2 日，齐穗期 8 月 5—17 日，成熟期 9 月 25—29 日。

主茎叶龄期：0 1 2 3 4 5 6 7 8 9 10 11 12 13 14 15

茎蘖动态：移栽叶龄 4.5~5 叶，移栽茎蘖苗 2.8 万~3 万苗/亩，拔节期茎蘖数 24.4 万~25.9 万苗/亩，抽穗期茎蘖数 23.5 万~24 万苗/亩，成熟期穗数 15 万~17 万穗/亩。

育秧：采用旱育秧，每亩（移栽大田）育秧面积 15 平方米，用 1 包壮秧剂（1.25 克）作底肥，播种量 1.5 千克（干谷子）。

栽插：密度：1.4 万~1.5 万穴/亩，规格：株行距 15 厘米×（30~33）厘米，每穴栽 2 苗，基本苗 2.8 万~3 万苗/亩。

施肥：
- 苗肥：移栽前 7 天看苗施"送嫁肥"，用 46% 尿素 1%~2% 浓度进行浇施。
- 基肥：前茬种植无筋豆，不施基肥。
- 分蘖肥：每亩施 46% 尿素 10 千克，复合肥 10 千克，移栽后 7~10 天与除草剂一起施用。
- 穗肥：每亩施 46% 尿素 5 千克，复合肥 20 千克，幼穗分化期施用。
- 说明：每亩施纯氮 12~13 千克，纯磷 3~4 千克，纯钾 3 千克。基蘖氮肥为 5:5。穗肥：蘖须肥为 5:5。

灌溉：薄水移栽，浅水活苗返青，湿润分蘖，当分蘖数达 9~10 苗/丛时晒田，控制无效分蘖，以干为主，抽穗扬花浅水层，灌浆阶段干湿交替，以湿润为主，收割前 10 天排干田水。放水后保湿润灌溉。

病虫害防治：药剂浸种，用 25% 的施保克乳油浸种，泡种 33 小时，催芽播种。秧苗期移栽前 10 天，喷施吡虫啉、络氨铜、链霉素，防治病虫害。移栽后 20 天，盛期用杀菌剂春雷霉素、农用链霉素、25% 噻虫酮，防治病虫害。分蘖期、分蘖盛期用杀菌剂春雷霉素、杀虫剂 25% 噻嗪酮虫害。孕穗期用春雷霉素、农用链霉素、25% 噻嗪酮，防治病虫害。始穗期前后，用杀菌剂春雷霉素、农用链霉素、杀虫剂 25% 噻嗪酮，防治水稻病虫害。

2. 宜香 9 号晚稻手插高产栽培技术模式图

月份	6月			7月			8月			9月			10月			11月			12月		
	上	中	下	上	中	下	上	中	下	上	中	下	上	中	下	上	中	下	上	中	下
节气	芒种		夏至	小暑		大暑	立秋		处暑	白露		秋分	寒露		霜降	立冬		小雪	大雪		冬至

产量构成： 全生育期 120 天，有效穗 16 万穗/亩，每穗粒数 160 粒，结实率 88%，千粒重 28.6 克，目标产量 600~670 千克/亩。

生育时期： 播种期 6 月 1 日，秧田期 22 天，移栽期 6 月 23 日，有效穗分蘖期 7 月 1—13 日，幼穗分化始期 7 月 22 日，孕穗期 8 月 1 日，齐穗期 8 月 31 日，成熟期 9 月 27 日。

主茎叶龄期： 0 1 2 3 4 5 6 7 8 9 10 11 12 13 14

茎蘖动态： 移栽叶龄 5.2 叶，移栽茎蘖苗 3.3 万苗/亩，移栽茎蘖数 3.3 万苗/亩，拔节期茎蘖数 25.5 万苗/亩，抽穗期茎蘖数 21.4 万苗/亩，成熟期穗数 16 万穗/亩。

育秧： 采用旱育秧（移栽大田）育秧面积 15 平方米，每亩，用 1 包壮秧剂（1.25 千克）作底肥，播种量 1.5 千克（干谷子）。

栽插： 密度：1.67 万穴/亩，规格：株行距 13.3 厘米×30 厘米，每穴栽 2 苗，基本苗 3.3 万苗/亩。

施肥：
- 苗肥：移栽前 7 天看苗施"送嫁肥"，用 46% 尿素 1%~2% 浓度进行浇施。
- 基肥：每亩施 40% 复合肥 25 千克，移栽前随耙田时施用。
- 分蘖肥：每亩施尿素 10 千克，移栽后 7~10 天与除草剂一起施用。
- 穗肥：每亩施 46% 尿素 5 千克，移栽后 7~10 天幼穗分化期施用。
- 分蘖肥：每亩施复合肥 15 千克。
- 穗肥：每亩施 46% 尿素 5 千克。
- 说明：每亩施纯氮 13~14 千克，纯磷 4~5 千克，纯钾 3~4 千克。基蘖氮肥：穗氮肥为 7：3。

灌溉： 薄水移栽，浅水活苗返青，湿润分蘖，当分蘖数 9~10 苗/丛时晒田，控制无效分蘖，以干为主，蜡熟阶段干湿交替，以湿为主，蜡熟阶段干湿交替。当分蘖数达 9~10 苗/丛时晒田，控制无效分蘖，放水后保湿润灌溉，抽穗扬花浅水层，灌浆阶段干湿交替，收割前 10 天排干田水。

病虫害防治：
- 药剂浸种，用 25% 的施保克浸种、泡种 33 小时，催芽播种。
- 秧苗期移栽前 10 天，喷施吡虫啉、络氨铜、链霉素防治病虫害。
- 移栽后 20 天，分蘖盛期用杀菌剂春雷霉素、农用链霉素、杀虫剂 25% 噻嗪酮，防治病虫害。
- 孕穗期用春雷霉素、农用链霉素、25% 噻嗪酮，防治病虫害。
- 始穗期前后，用杀菌剂春雷霉素、农用链霉素、25% 噻嗪酮、杀虫剂 25% 噻嗪酮，防治水稻病虫害。

3. 宜香优1108稻手插高产栽培技术模式图

月份	6月			7月			8月			9月			10月			11月			12月		
	上	中	下	上	中	下	上	中	下	上	中	下	上	中	下	上	中	下	上	中	下
节气	芒种		夏至	小暑		大暑	立秋		处暑	白露		秋分	寒露		霜降	立冬		小雪	大雪		冬至
产量构成	全生育期140~150天，有效穗15万~17万穗/亩，每穗粒数155粒，结实率81%，千粒重29.4克，目标产量550~620千克/亩。																				
生育时期	播种期5月24日—6月4日，秧田期28~30天，移栽期6月22—30日，有效分蘖期7月27—30日，幼穗分化始期8月10日，孕穗期8月20日，齐穗期9月5日，成熟期10月10—20日。																				
主茎叶龄期	0 1 2 3 4 5 6 7 8 9 10 11 12 13 14																				
茎蘖动态	移栽叶龄4.5叶，移栽茎蘖苗4.5万苗/亩，拔节期茎蘖数25万~26万苗/亩，抽穗期茎蘖数22万~23万苗/亩，成熟期穗数15万~17万穗/亩。																				
育秧	采用旱育秧，每亩（移栽大田）育秧面积15平方米，用1包壮秧剂（1.25克）作底肥，播种量1.5千克（干谷子）。																				
栽插	密度：1.7万穴/亩，规格：株行距13厘米×30厘米，每穴栽2苗，基本苗3.4万苗/亩。																				
施肥	苗肥：移栽前7天看苗施"送嫁肥"，用46%尿素1%~2%浓度进行浇施。 基肥：每亩施40%复合肥20千克，移栽前随耙田时施用。 分蘖肥：每亩施46%尿素10千克，移栽后7~10天与除草剂一起施用。 穗肥：每亩施复合肥10千克，46%尿素5千克，幼穗分化期施用。 说明：每亩施纯氮12~13千克，纯磷4千克，纯钾4千克。基蘖氮肥：穗氮肥为6:4。																				
灌溉	薄水移栽，浅水活苗返青，湿润分蘖，当分蘖数达10苗/以时晒田，控制无效分蘖，放水后保湿润灌溉，抽穗扬花浅水层，灌浆阶段干湿交替，以湿为主，蜡熟期干湿交替，以干为主。																				
病虫害防治	药剂浸种，用25%的施保克浸种、泡种，催芽播种33小时，催芽播种。 秧苗期移栽前10天，喷施吡虫啉、三环唑防治病虫害。 移栽后10天，移栽后20天，分蘖期盛期用杀菌剂春雷霉素，农用链霉素，杀虫剂25%噻嗪酮防治病虫害。 孕穗期用春雷霉素，农用链霉素，25%噻嗪酮防治病虫害。 始穗期前后，用杀菌剂春雷霉素，农用链霉素，杀虫剂25%噻嗪酮，防治水稻病虫害。																				

附表：西双版纳州部分水稻主导品种稻米品质情况表

项目	杂交稻品种															常规稻品种			
	两优2186	两优2161	宜香3003	宜优673	宜香9号	两优1259	赣优明占	宜香1979	宜优1988	内香8518	明两优527	宜香优1108	文富7号	宜香107	宜香10号	滇屯502	滇陇201	云粳37	版纳糯18
出糙率（%）	76.5	79.8	78.0	80.0	80.3	80.3	79.4	81.7	80.4	80.2	81.3	79.0	81.7	80.9	81.2	78.8	79.8	80.0	80.3
精米率（%）	69.0	69.1	70.2	70.4	74.2	70.0	70.9	75.1	72.3	70.4	68.5	66.2	73.6	72.8	70.3	71.4	70.0	67.0	69.4
整精米率（%）	60.2	63.0	61.5	65.7	68.1	58.9	62.5	65.2	62.4	64.1	66.7	55.4	65.9	64.1	66.7	47.4	49.5	64.0	60.6
粒长（毫米）	7.2	7.2	7.3	7.3	6.1	7.1	7.2	6.8	7.2	7.2	7.1	7.3	7.3	6.8	6.6	7.2	7.8	5.0	7.3
粒型（长宽比）	2.8	2.9	2.9	2.9	2.6	2.8	3.0	2.7	3.0	3.0	3.0	2.9	3.3	3.1	2.9	3.4	3.8	1.9	2.8
垩白粒率（%）	42	29	16	30	30	51	32	39	10	26	19	16	9	39	14	7	6.5	/	/
垩白度（%）	6.3	4.2	3.2	2.7	4.2	7.6	5.4	5.5	1.0	4.3	3.6	3.4	1.0	3.9	1.9	1.0	1.0	/	/
透明度（级）	3	2	2	2	2	2	2	2	2	4	3	2	1	2	2	1	1	/	/
碱消值（级）	5.0	6.0	5.2	5.3	5.5	6.0	6.0	4.9	6.5	4.8	4.8	4.7	6.0	6.0	5.8	7.0	7.0	7.0	5.0
胶稠度（毫米）	61	86	88	85	55	83	69	65	80	90	80	82	82	40	67	65	65	100	100
直链淀粉含量（%）	21.5	20.4	16.0	15.3	21.1	18.1	23.3	14.8	18.4	16.3	15.0	16.1	17.5	22.3	16.9	14.4	12.6	1.5	1.2
蛋白质含量（%）	11.0	10.5	8.3	10.4	7.6	10.6	7.9	9.6	9.4	10.0	9.0	8.0	9.0	8.0	9.0	8.1	7.0	8.0	8.0

主要参考文献

江谷驰弘，玉帅，李昊卿，等. 2018. 用种量对常规水稻滇陇 201 工厂化育秧秧苗素质和产量的影响 ［J］. 现代化农业 （10）：31-32.

江谷驰弘，张晋鸿，甘树仙，等. 2019. "爱久收" 对晚稻内香 6 优 9 号产量的影响 ［J］. 现代化农业 （2）：37-39.

李俊，甘树仙，杨红梅，等. 2014. 施用不同肥料对机插稻秧苗素质的影响 ［J］. 农业科技通讯 （12）：55-57.

李俊，刘建杰，杨桂兰，等. 2018. 西双版纳州常规优质水稻高产栽培技术 ［J］. 现代化农业 （3）：52-53.

刘海燕. 2014. 优质粳稻新品种云粳 37 示范种植表现及栽培技术 ［J］. 现代农业科技 （5）：52-52.

祁春，周外，白秀兰，等. 2016. 糯稻新品种版纳糯 18 号特征特性及栽培技术 ［J］. 中国稻米 （2）：97-98.

屈春才. 2018. 水稻精确定量栽培原理及技术要点分析 ［J］. 现代农业 （2）：28-29.

夏梦吟，岩三胆，祁春，等. 2018. 西双版纳优质稻滇屯 502 高产栽培技术 ［J］. 现代农业 （12）：42-43.

夏琼梅，李贵勇，邓安凤，等. 2016. 云南特殊生态区水稻高产机理研究 ［J］. 西南农业学报 （1）：6-10.

肖云南，祁春，白秀兰，等. 2015. 不同播种量对水稻机插秧秧苗素质和产量的影响 ［J］. 北京农业 （14）：74.

岩三胆，祁春，汤国蓉，等. 2015. 西双版纳州中海拔早稻高产栽培技术 ［J］. 农技服务 （2）：42.

岩三胆，孙涛，汤国蓉，等. 2015. 两系杂交稻两优 2186 在西双版纳种植表现及高产栽培技术 ［J］. 杂交水稻 （4）：52-53.

岩三胆，孙涛，玉帅，等. 2018. 机插水稻不同育秧营养土配方对秧苗素质影响的试验 ［J］. 农家科技 （上旬刊） （11）：104-105.

岩三胆，汤国蓉，祁春，等. 2019. 赣优明占在云南勐海机插高产栽培技术 ［J］. 杂交水稻 （2）：36-37.

杨从党，李贵勇，夏琼梅，等. 2013. 云南水稻定量促控栽培技术简介 ［J］. 中国稻米 （4）：129-130.

玉尖章，玉帅，江谷驰弘，等. 2018. 优质籼型常规稻文稻 11 号特征特性和高产栽培技术 ［J］. 现代化农业 （1）：50-51.

朱德峰，陈惠哲. 2013. 超级稻品种栽培技术模式图 ［M］. 北京：中国农业科学技术出版社.

常规优质稻品种

寿膨谷

瑶香谷

毫干傣

毫糯囡

玉林保矮

博罗醒糯

竜子11号 　　　　　　　　　　　　　　　小黄谷

傣黎406 　　　　　　　　　　　　　　　滇瑞449

新香糯 　　　　　　　　　　　　　　　新香糯穗子

紫糯

大绿香

版纳9号

版纳10号

紫糯   旱谷

版纳18号   版纳20号

版纳21号   版纳糯18

滇陇201

滇屯502

文稻11

文稻19

云粳37

滇黎406

文稻1号（小文稻）

清香1号（大文稻）

杂交稻品种

汕优63

冈优12

冈优22

冈优151

冈优725

宜香3003

渝香203

两优2186

宜优673

两优2161

两优816

宜香1979

宜香2239

文富7号

宜香1108

宜优1988

宜优2815

内香优3号

宜香优2115

内6优498

广优1186

赣优明占

德优4727

泸香658

主要技术

人工水育秧秧厢准备

人工水育秧秧苗

人工水育秧

人工水育秧

人工湿润育秧秧厢准备

人工湿润育秧播种

人工湿润育秧覆土盖种

湿润育秧出苗期

湿润育秧秧苗

湿润育秧秧苗

人工旱育秧秧厢准备

人工旱育秧秧厢施肥

人工播种旱育秧

拱棚旱育秧秧苗

软盘育秧秧厢准备

手工播种软盘育秧

机播软盘湿润育秧

机播软盘旱育秧

软盘育秧秧苗

软盘育秧秧苗

人工硬盘育秧

硬盘育秧秧苗

工厂化硬盘育秧播种

工厂化硬盘育秧催芽

工厂化硬地硬盘育秧秧苗

工厂化硬盘育秧秧苗

工厂化硬盘育秧秧苗

工厂化硬盘育秧秧苗

牛耕

机耕、机耙

人工插秧　　　　　　　　　　　　　　　　机械插秧

机械插秧　　　　　　　　　　　　　　　　机械插秧

手工插秧苗期　　　　　　　　　　　　　　机械插秧苗期

手工插秧灌浆期

机械插秧灌浆期

手工插秧成熟期

机械插秧成熟期

单行条栽

双行条栽

人工喷药

航空植保

人工收割

田间晒谷把

田间堆谷子

人工脱粒

人工脱粒

人工脱粒

人工脱粒

人工收割机械脱粒

机械收获

机械收获（人工装袋）

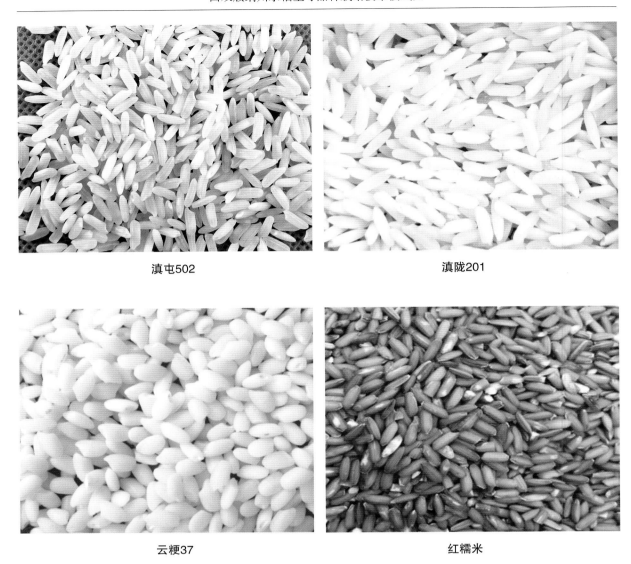

滇屯502   滇陇201

云粳37   红糯米

红软米

黑米

紫米